Halil Şahan

Lityum Bataryaların Elektrokimyasal Performansının Artırılması

Halil Şahan

Lityum Bataryaların Elektrokimyasal Performansının Artırılması

Türkiye Alim Kitapları

Impressum / Yayınevi adı
Bibliografische Information der Deutschen Nationalbibliothek: Die Deutsche Nationalbibliothek verzeichnet diese Publikation in der Deutschen Nationalbibliografie; detaillierte bibliografische Daten sind im Internet über http://dnb.d-nb.de abrufbar.

Deutsche Nationalbibliothek tarafından yayınlanan bibliyografik bilgiler: Deutsche Nationalbibliothek, bu yayını Deutsche Nationalbibliografie'de listeler; detaylı bibliyografik bilgi İnternet'te http://dnb.d-nb.de sitesinde mevcuttur.

Coverbild / Kitap kapağı resmi: www.ingimage.com

Verlag / Yayıncı:
Türkiye Alim Kitapları
ist ein Imprint der / yayınevinin bir ticari markasıdır
OmniScriptum GmbH & Co. KG
Heinrich-Böcking-Str. 6-8, 66121 Saarbrücken, Deutschland / Almanya
Email / E-posta: info@turkiye-alim-kitaplary.com

Herstellung: siehe letzte Seite /
Basım yeri: son sayfaya bakın
ISBN: 978-3-639-67124-7

İÇİNDEKİLER

1. BÖLÜM

GİRİŞ VE ÇALIŞMANIN AMACI

Dünya enerji ihtiyacının büyük bir kısmı kömür, petrol ve doğalgaz gibi fosil yakıtlardan karşılanmaktadır. Fosil yakıtlar; endüstri, güç üretimi ve otomobillerde olmak üç alanda tüketilmektedir. Bu üç alanın fosil yakıt tüketim oranı birbiriyle aynıdır. Fosil yakıt kullanımındaki en önemli olumsuzluk, enerji dönüşüm veriminin düşük olmasıdır. Örneğin, fosil yakıtlar kullanarak yapılan güç üretiminde toplam enerjinin yaklaşık %30 kadarı elektrik enerjisine dönüştürülebilmektedir. Geri kalan enerji ise kullanılmadan harcanmakta ve yanma sonucu oluşan CO_2 emisyonu çevre kirliliğine neden olmaktadır. Otomobillerdeki enerji kullanım verimi ise daha düşük düzeydedir.

Fosil yakıt tüketimini azaltacak ve bunların daha verimli kullanılmalarını sağlayacak teknolojilerin geliştirilmesi için yoğun araştırmalar yürütülmektedir. Bunlardan biri otomobillerde benzin ve dizel kullanımını minimum düzeye düşürecek olan hibrit elektrikli araç ve elektrikli araç teknolojisinin geliştirilmesidir. Elektrikli araç ve hibrit elektrikli araçlarda yakıt hücreleri ve doldurulabilir piller kullanılmaktadır. Yakıt hücresi sabit güç uygulamalarında ve büyük elektronik cihazlarda kullanılan elektrokimyasal güç kaynağıdır. Şehirlerin hava kalitesini iyileştirmek için geleceğin elektrikli araçlarında önemli rol oynayabilir. Diğer yandan yüksek enerji yoğunluğuna sahip doldurulabilir piller, elektronik cihazlarda ve melez otomobillerde kullanılmaktadır.

Doldurulabilir piller arasında enerji yoğunluğu en yüksek olan lityum iyon pillerdir. Lityum iyon pillerde katot aktif madde olarak kullanılan madde bir içerme bileşiğidir ve bir pilin güç ve enerji yoğunluğunu belirleyen en önemli bileşenidir. İkincil lityum pillerde elektroaktif madde olarak içerme bileşikleri kullanılmaktadır. İçerme bileşikleri, konak adı verilen bir kristalin örgü boşluğuna konuk adı verilen uygun büyüklükteki bir atom ya da atom grubunun yerleşmesiyle oluşan bileşiklerdir. Konuk atom ya da atom grubunun konak türün kristal örgü boşluğuna yerleşmesi sonucunda konak türün elektronik özelliklerinde önemli değişiklik olurken kristal yapısında çok az değişiklik meydana gelir. Kristal yapının çok az değişmesi tepkimenin tersinir olmasına neden olmaktadır. Örneğin:

$$H^+ + e^- + 1/x\ WO_3 \rightleftharpoons 1/x\ H_xWO_3 \quad x \cong 0.3$$

Renksiz Koyu mavi

tepkimesi tersinir bir tepkime olup renksiz olan WO_3'den aynı kristal yapıya sahip koyu mavi renkli H_xWO_3 içerme bileşiği oluşmaktadır. Tersinir redoks tepkimesi vermeleri nedeniyle içerme bileşikleri ikincil pillerde anot ya da katot aktif maddesi olarak kullanılmaktadır.

Katot aktif madde olarak $LiCoO_2$, $LiNiO_2$, $LiMn_2O_4$ ve $LiFePO_4$ bileşikleri kullanılmaktadır. Bunlardan $LiCoO_2$, ticari lityum iyon pillerde en çok kullanılan maddedir. Ancak düşük güç yoğunluğuna sahip olması, pahalı, toksik ve kobalt rezervinin az olması gibi nedenler $LiCoO_2$ bileşiğinin elektrikli araç ve hibrit elektrikli araçlarda kullanımı güçleştirmektedir. $LiMn_2O_4$ bileşiği; ucuz, bol bulunan ve çevre dostu olan bir madde olması nedeniyle en çok araştırılan katot aktif madde olmuştur. Bütün avantajlara rağmen $LiCoO_2$ bileşiğinden daha düşük kapasiteye sahip olması ve şarj/deşarj döngüsü sırasında kapasite kaybına uğraması $LiMn_2O_4$ bileşiğinin ticari lityum iyon pillerde etkin olarak kullanımını engellemektedir. Kapasite kaybının en önemli nedeni bileşiğin elektrolit içinde çözünmesi ve Mn^{3+} iyonu nedeniyle olan Jahn-Teller etkisidir.

Kapasite kaybını ortadan kaldırmak için katyon ve anyon katkılama, düşük sıcaklıkta sentezleme ve spinel taneciklerinin yüzeyinin metal oksit veya benzeri maddelerle kaplanması yöntemleri kullanılmaktadır. Ancak şimdiye kadar yapılan çalışmalarda $LiMn_2O_4$ bileşiğinin kullanıldığı lityum iyon pillerde kapasite kaybı tamamen yok edilememiştir.

Bu çalışmanın amacı aşağıdaki gibi sıralanabilir;

-Değişik metal katkılı spinel $LiM_xMn_{2-x}O_4$ (M = Ni, Co, Al, Mg, Cu, Zn ve Sr, $0.01 \leq x \leq 0.1$) bileşiklerini sentezlemek.

-$LiMn_2O_4$ spinel bileşiğini; $Li_2O.2B_2O_3$, Cr_2O_3, $CaCO_3$, lityum boro silikat, Fe_2O_3, Cu ve Au-Pd alaşımı ile kaplamak.

-Sentezlenen bileşikleri X-ışınları toz kırınımı (XRD), taramalı elektron mikroskobu (SEM), atomik absorpsiyon spektrometresi (AAS), alev forometresi (FP), indüktif eşlemeli plazma-atomik emisyon spektrometresi (ICP-OES), termal gravimetrik analiz (TGA) yöntemleri ile karakterize etmek.

-Li/$LiMn_2O_4$ pilini sabit akımda en az 30 defa şarj/deşarj ederek katkılama ve kaplamanın spinel $LiMn_2O_4$ bileşiğinin kapasite kaybına olan etkisini incelemek.

2. BÖLÜM

2.1. Piller

Piller, kimyasal enerjiyi depolayan ve ihtiyaç duyulduğunda elektrik enerjisine dönüştüren araçlardır. Piller elektrokimyasal tepkimenin tersinir olup olmamasına göre doldurulamaz (birincil) ve doldurulabilir (ikincil) piller olmak üzere iki gruba ayrılır. Elektrokimyasal tepkimenin tersinmez olduğu pillere doldurulamaz pil, tersinir olduğu pillere de doldurulabilir pil denir [1,2]. Doldurulamaz piller düşük maliyete, uzun raf ömrüne, yüksek enerji yoğunluğuna ve kullanım kolaylığına sahiptir ve bu yüzden çeşitli elektronik ve elektrikli cihazlarda kullanılmaktadır. Doldurulabilir piller ise en az ortalama 1000 defa şarj edilerek yeniden kullanılabilir olması nedeniyle çevre açısından avantajlıdır. Yüksek enerji yoğunluğu nedeniyle lityum iyon ve lityum iyon polimer pillere olan talep giderek hızla artmaktadır. Şekil 2.1'de görüldüğü gibi doldurulabilir piller arasında spesifik enerji (150 Wh kg^{-1}) ve enerji yoğunluğu (400 Wh L^{-1}) en yüksek olan lityum iyon pillerdir [3].

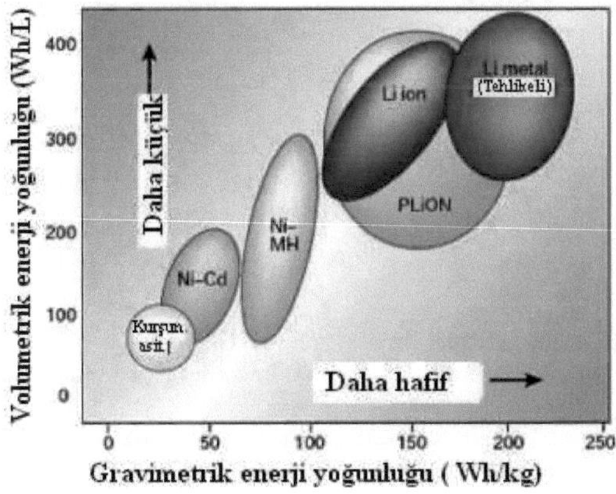

Şekil 2.1. Doldurulabilir pillerin gravimetrik ve volumetrik enerji yoğunlukları [3]

2.2. Lityum İyon Pilleri

Metallerin en hafifi olan lityum; yüksek enerji yoğunluğu, spesifik kapasite ve yükseltgenme potansiyeline, geniş çalışma sıcaklığı aralığına ve düşük kendiliğinden boşalma oranına sahiptir. Bu özellikleri nedeniyle metalik lityumun, doldurulabilir lityum pillerde anot aktif madde olarak kullanılması avantajlı görünmektedir. Ancak döngü sayısı arttıkça metalik lityumun katoda doğru dallı büyümesi sonucu oluşan kısa devre, pilin kısa sürede yüksek sıcaklığa çıkması ve patlamaya neden olmaktadır.

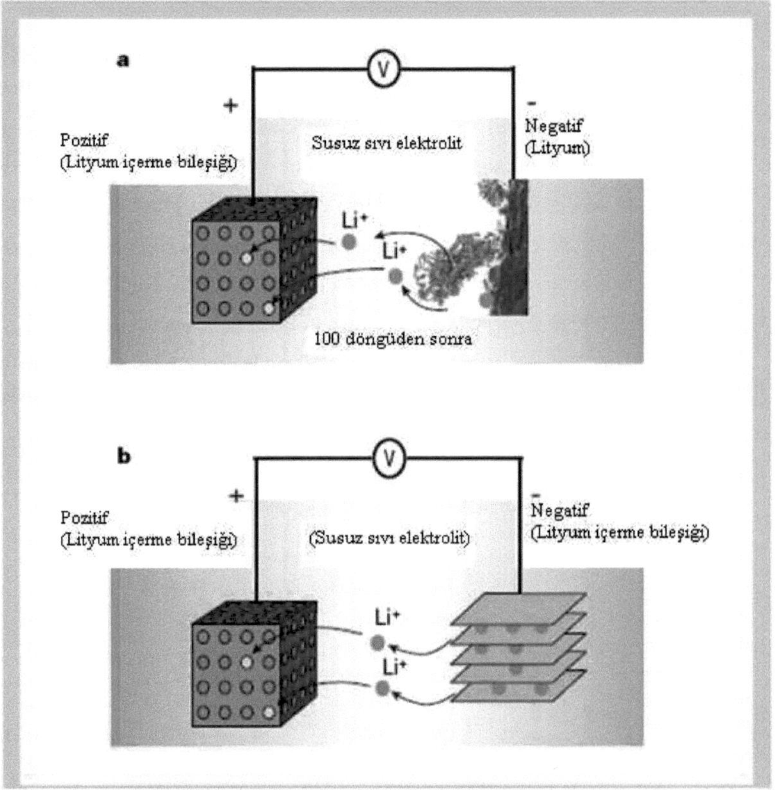

Şekil 2.2. (a) Metalik lityum ve (b) Grafit veya bir içerme bileşiğinin anot olarak kullanıldığı doldurulabilir pillerin 100 döngüden sonra anot yapısındaki değişme

Lityumun anot aktif madde olarak kullanıldığı doldurulabilir lityum piller, oluşan bu güvenlik problemi nedeniyle 1991 yılında piyasadan geri çekilmiştir [3]. Lityum pillerde bu problemi aşmaya yönelik çalışmalarda metalik lityum yerine geçen yeni anot aktif maddeler (grafit, metal alaşımları ve içerme bileşikleri) geliştirilmiştir. Yeni geliştirilen anot aktif maddelerin enerji yoğunluğu metalik lityumdan düşük olmasına karşın bunların kullanıldığı pillerde güvenlik problemi ortadan kalkmıştır. Metalik lityumun anot olarak kullanıldığı doldurulabilir lityum pillerde 100 döngüden sonra dallı büyümenin olduğu buna karşın grafit veya içerme bileşiklerinin kullanıldığı pillerde ise böyle bir büyümenin olmadığı Şekil 2.2'de Şematik olarak gösterilmiştir.

İlk ticari lityum iyon pili 1991 yılında Japon Sony firması tarafından geliştirilerek piyasaya sürülmüştür [4,5]. Sony tarafından geliştirilen lityum iyon pili yüksek enerji yoğunluğu ve yüksek voltaj değerine sahip olup anot aktif madde olarak grafit ve katot aktif madde olarak da tabakalı yapıya sahip $LiCoO_2$ içerme bileşiğinin kullanıldığı bir pildir. Şekil 2.3'de görüldüğü gibi bir lityum iyon pilinde lityum iyonları ve elektronlar şarj sırasında katottan anoda doğru ve deşarj sırasında ise anottan katoda doğru göç eder. Bu göç sırasında elektronlar dış devrede lityum iyonları ise elektrolit içinde hareket eder.

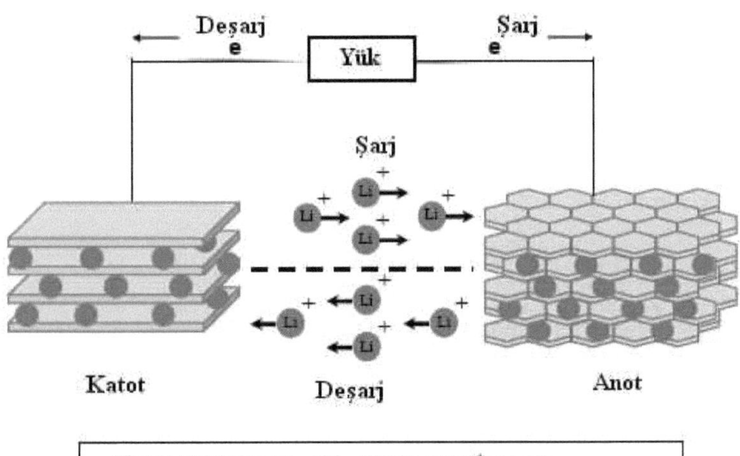

Katot: $LiCoO_2 \leftrightarrow Li_{1-x}CoO_2 + x\,Li^+ + x\,e^-$
Anot : $C_6 + x\,Li^+ + x\,e^- \leftrightarrow Li_xC_6$

Şekil 2.3. Bir lityum iyon pilinde dolma ve boşalma işlemlerinin şematik gösterimi [6]

Dolma ve boşalma sırasında lityum iyonlarının elektrolit içinde anot ve katot arasında iki yönlü haraketinden dolayı lityum iyon pillerine salıncak sandalye pili (rocking chair battery) veya salıncak pil (swing battery) de denir [7].

Bir lityum iyon pilde dolma ve boşalma sırasında gerçekleşen elektrokimyasal değişim Şekil 2.3'de görüldüğü gibi içerme (konak-konuk) tepkimesi şeklinde yürümektedir.

$$C_6 + LiMn_2O_4 \underset{\text{Deşarj}}{\overset{\text{Şarj}}{\rightleftharpoons}} Li_xC_6 + Li_{1-x}Mn_2O_4$$

Dolma sırasında lityum iyonları $LiMn_2O_4$ gibi katot aktif maddenin kristal örgü boşluklarından ayrılarak elektrolit içinden geçtikten sonra anot aktif maddenin (grafit gibi) kristal örgüsüne katkılanırken, boşalma sırasında bunun tam tersi olmaktadır. Dış devreden ise dolma ve boşalma sırasında lityum iyon akışını karşılayacak miktarda akım geçer. İçerme bileşikleri (konak-konuk), konak adı verilen bir kristalin örgü boşluğuna konuk adı verilen uygun büyüklükteki bir atom ya da atom grubunun yerleşmesiyle oluşan bileşiklerdir. Konuk atom veya atom gurubunun konak türün kristal örgü boşluğuna yerleşmesi sonucunda konak türün elektronik özelliklerinde önemli değişiklik olurken kristal yapısında çok az değişiklik meydana gelir. Kristal yapının çok az değişmesi tepkimenin tersinir olmasına neden olmaktadır. Örneğin:

$$H^+ + e^- + 1/x\ WO_3 \rightleftharpoons 1/x\ H_xWO_3 \qquad x \cong 0,3$$

Renksiz Koyu mavi

tepkimesi tersinir bir tepkime olup renksiz olan WO_3'den aynı kristal yapıya sahip koyu mavi renkli H_xWO_3 içerme bileşiği oluşmaktadır [8]. İçerme bileşikleri, tersinir indirgenme-yükseltgenme tepkimesi vermeleri nedeniyle doldurulabilir pillerde anot veya katot aktif madde olarak kullanılmaktadırlar. Lityum iyon pillerde kullanılan anot ve katot aktif maddeler genelde metal oksit türü lityum içerme bileşikleridir. Katot aktif madde olarak $LiCoO_2$ [9], $LiNiO_2$ [10], $LiMn_2O_4$ [11–16] ve $LiFePO_4$ [17], anot aktif madde olarak da çoğunlukla karbon kullanılmaktadır. Lityum metaline göre lityum içerme bileşiklerinin voltaj değerleri Şekil 2.4'de görülmektedir.

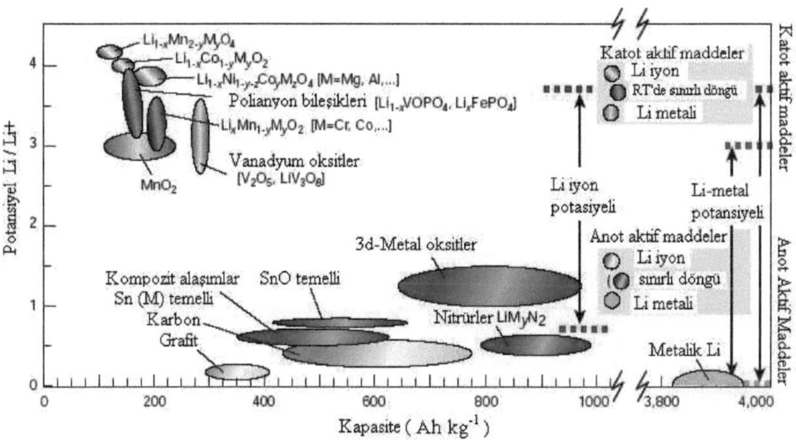

Şekil 2.4. Li/Li$^+$ çiftine göre bazı lityum içerme bileşiklerinin elektrot potansiyelleri [3]

Ticari lityum iyon pilleri genel olarak anot, katot, elektrolit, ayıraç ve emniyet cihazından oluşmaktadır ve Şekil 2.5'de görüldüğü gibi silindir, düğme, prizmatik ve ince film olmak üzere dört farklı tipte üretilmektedir.

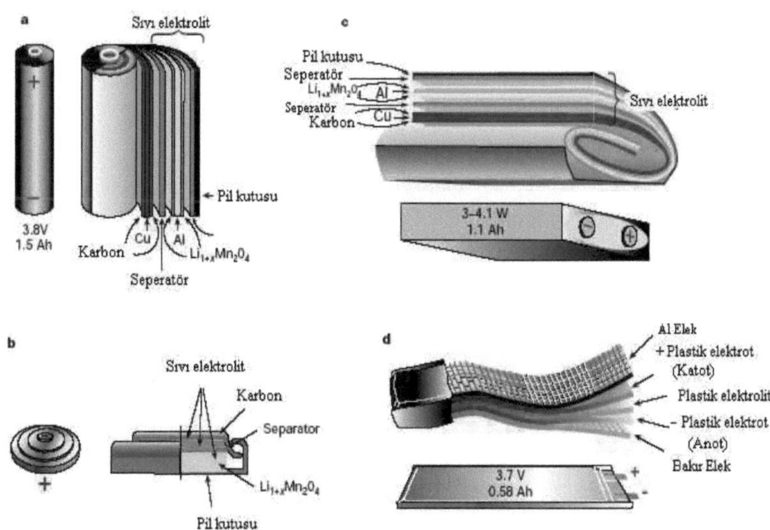

Şekil 2.5. a) Silindir, b) Düğme, c) Prizmatik ve d) İnce film lityum iyon pilleri [3]

2.2.1. Katot Aktif Maddeler

Lityum iyon pillerin performansı büyük oranda kullanılan katot aktif maddenin özelliğine bağlıdır. Kimyasal potansiyel ve lityum iyonu miktarı, bir pilin sırasıyla voltajını ve şarj kapasitesini belirler. Kullanılan katot aktif maddelerin artan kimyasal ve mekanik kararlılığı, pillerin döngü sayısını artırır. İçerme bileşiklerinin katot aktif madde olarak kullanılabilmesi için bazı kriterleri karşılaması gerekmektedir [18];

1- Kristal örgüsü, lityum iyonlarının yerleşmesine olanak verecek şekilde uygun büyüklükte boşluklar içermeli

2- Açık devre potansiyelinin yüksek olması için Fermi düzeyi enerjisi ve Li^+ iyonlarının konum enerjisi düşük olmalı

3- Elektrot potansiyeli, lityum miktarı ile az değişmeli.

4- Yüksek kapasiteye ulaşmak için formül birimi başına katkılanan lityum miktarı büyük olmalı

5- Spesifik enerjinin büyük olması için formül ağırlığı küçük olmalı.

6- Enerji yoğunluğunun büyük olması için molar hacim küçük olmalı.

7- Şarj/deşarj hızının büyük olması için lityumun örgüden ayrılma ve örgüye giriş difüzyon hızı yüksek olmalı.

8- Şarj/deşarj (dolma-boşalma) döngü sayısının büyük olması için lityum içerme tepkimesi yeteri kadar tersinir olmalı

9- Kristal örgüsünde çözücü türlerin yerleşebileceği boyutta boşluk olmamalı

10- Elektrolit içinde kararlı olmalı

11- Elektronik iletkenliği yeteri kadar büyük olmalı

12- Ucuz olmalı, kolay bulunabilmeli ve çevre dostu olmalı

13- Kolay işlenebilmeli

Katot aktif madde özelliklerinin pil davranışına olan etkileri Şema 2.1' de görülmektedir [19] .

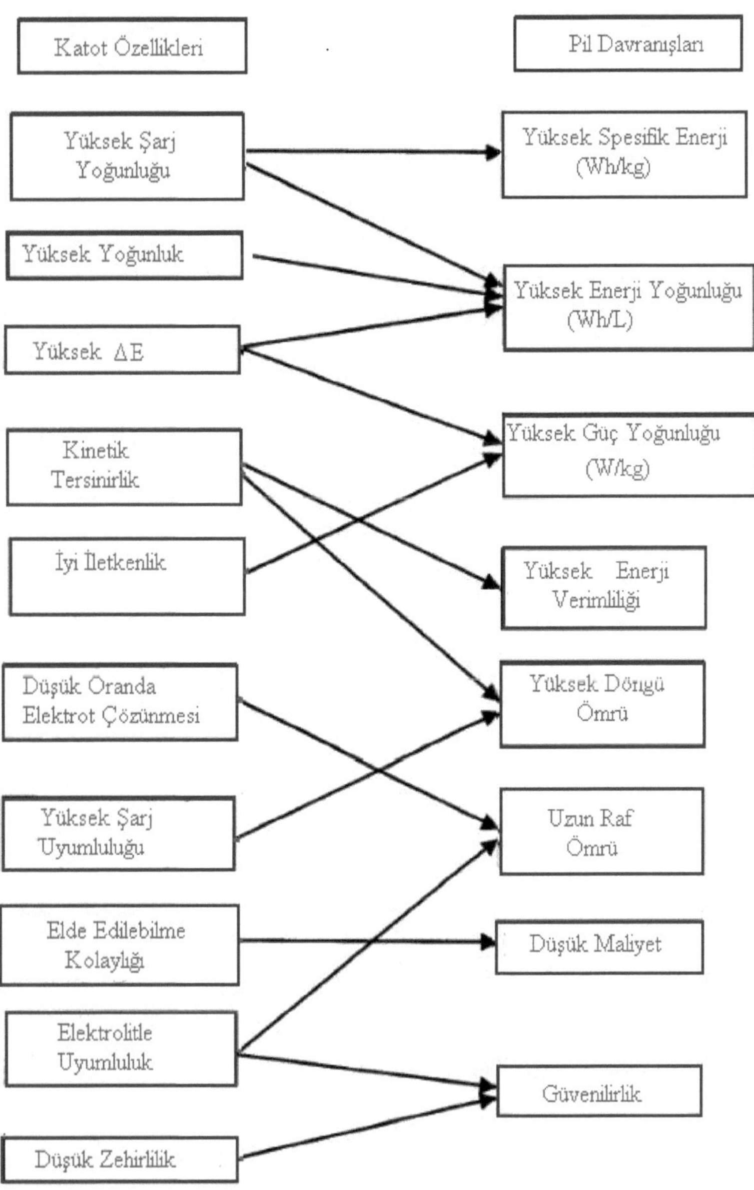

Şema 2.1. Katot aktif madde özelliklerinin pil davaranışına olan etkisi [19]

$LiCoO_2$, sentezi kolay, döngü ömrü uzun ve 140 mAh g^{-1} gibi yeterince büyük kapasiteye sahip olması nedeniyle lityum iyon pillerde en çok kullanılan maddedir. Ancak $LiCoO_2$ toksik, maliyeti yüksek ve teorik kapasitesinin yaklaşık %50 kadarının kullanılabilmesi gibi dezavantajlara sahiptir. Bu yüzden yeni katot aktif maddelerin geliştirilmesine yönelik çalışmalar yapılmaktadır.

Bu çalışmalar arasında en çok tabakalı yapıda $LiNiO_2$ [20] ve $LiNi_{1-x}M_xO_2$ [21–28], (M = geçiş metali), üç boyutlu yapıda $LiMn_2O_4$ [29,30] ve olivin yapıda olan $LiFePO_4$ [31,32] bileşikleri yer almaktadır.

2.2.1.1. Tabakalı Yapı

Genel formülü $LiMO_2$ (M = V, Mn, Co ve Ni) olan tabakalı yapılar, oksijenin kübik sık istiflenmeyle oluşturduğu örgünün alternatif (111) düzlemlerindeki sekizyüzlü konumlara Li^+ ve M^{3+} iyonlarının yerleşmesiyle oluşan yapılardır (Şekil 2.6).

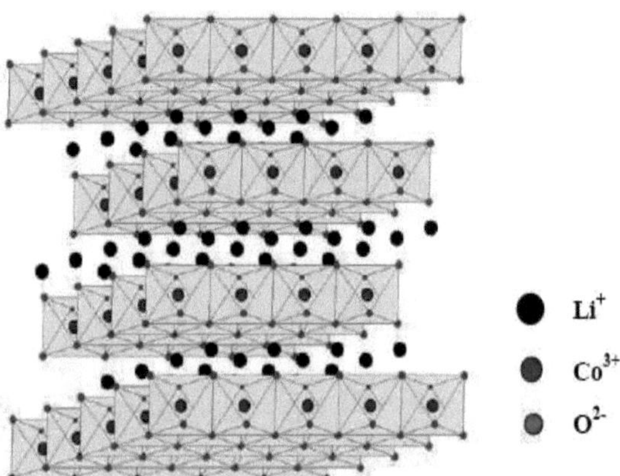

Şekil 2.6. Tabakalı $LiMO_2$ bileşiklerinin yapısı

İki boyutlu tabakalı yapı, Li^+ ve M^{3+} iyonlarının yarıçap ve yükleri arasındaki farkın büyük olması sonucu oluşmuştur ve uzay grubu R3m olan trigonal simetriye sahiptir. Yükler ve yarıçaplar arasındaki fark azaldıkça Li^+ ve M^{3+} tabakaları arasındaki katyon düzensizliği artmaktadır [33] .

i) $LiCoO_2$

Tabakalı yapıda olan $LiCoO_2$, Li^+ ve Co^{3+} iyonlarının iyonik yarıçapları arasındaki farkın büyük olması nedeniyle iki boyutlu Li^+ iyon yoluna ve kenarları ortak olan CoO_6 sekizyüzlülerin kobalt atomları arasındaki etkileşim nedeniyle de elektronik iletkenliğe sahiptir. Tabakalı yapıdaki $LiCoO_2$ bileşiği sentezinin kolay, döngü ömrünün uzun ve 140 mAh g^{-1} gibi yeterince büyük olan kapasiteye sahip olması nedeniyle ticari lityum iyon pillerde kullanılmaktadır. Ancak toksik ve maliyetinin yüksek olması ve teorik kapasitesinin yaklaşık %50 kadarının kullanılabilmesi gibi eksik yönleri bulunmaktadır. Teorik şarj kapasitesinin yarısından fazlası kullanıldığında, O^{2-}: 2p bandında bulunan elektronların uzaklaşması sonucu bileşik kimyasal olarak kararsız hale gelmektedir. $LiCoO_2$ bileşiğinin kimyasal olarak kararsız olmasının nedeni, yüksek potansiyelde Co^{4+} iyonunun elektrolit içinde çözünmesidir [34–39].

Li_2CO_3, MgO, Al_2O_3, $AlPO_4$, SiO_2, SnO_2, ZrO_2 ve karbon gibi maddeler ile yapılan kaplamanın $LiCoO_2$ bileşiğinin yüksek potansiyelde kapasite kaybını azalttığı bulunmuştur. Ayrıca Co^{3+} iyonunun bir kısmı yerine Ni^{3+}, Fe^{3+}, Mn^{4+}, Al^{3+},Ga^{3+}, Mg^{2+} ve Ti^{4+} gibi iyonları katkılamanın yüksek potansiyelde kapasite kaybını azalttığı ve kapasiteyi artırdığı bulunmuştur [40–48].

ii) $LiNiO_2$

$LiNiO_2$ bileşiği, $LiCoO_2$ bileşiğinden daha ucuz ve kapasitesi (200 mAh g^{-1}) daha büyüktür. $Ni^{3+/4+}$: e_g bandı O^{2-}: 2p bandının yukarısında bulunmaktadır. Lityumun kristal örgüden ayrılması, O^{2-}: 2p bandından elektronun uzaklaşmasına neden olmaz. Bu da $LiCoO_2$ bileşiğine göre daha fazla lityumun kullanılması demektir [49].

Ancak düzenli tabakalı yapıya sahip $LiNiO_2$ bileşiğinin büyük miktarda üretimi zordur ve döngü sırasında tersinmez faz dönüşümü nedeniyle kapasite kaybı olmaktadır. Sentezin zor olmasının nedeni, Ni^{2+} iyonunun Ni^{3+} iyonuna güçlükle yükseltgenmesi ve yüksek sıcaklıkta Li_xNiO_{2-x} ($0< x <1$) formülüne sahip bileşiğe dönüşmesidir. Kapasite kaybını azaltmak ve termal kararlılığı artırmak için metal oksit kaplama ve değişik metal katkılama yöntemleri kullanılmaktadır. $Li_2O.2B_2O_3$ [50], MgO [51], $AlPO_4$ [52], SiO_2 [53], TiO_2 [54] ve ZrO_2 [55] kaplanmış $LiNiO_2$ ve çeşitli metal katkılanmış

$LiNi_{1-x}M_xO_2$ (M=Al, Mn, Co, Mg,Ca, Ga, Ti ve Nb) bileşiklerinin elektrolit içinde daha kararlı ve kapasite kaybının daha az olduğu bulunmuştur.

iii) $LiMnO_2$

$LiMnO_2$, bileşimi $LiMO_2$ olan tabakalı yapıdaki maddeler arasında ekolojik ve ekonomik bakımdan en fazla ilgi çeken madde olmuştur. $LiMnO_2$, lityuma karşı 2.0-4.25 V aralığında 190 mAh g^{-1} gibi büyük spesifik kapasiteye sahiptir. Ancak şarj/deşarj döngüsü sırasında tabakalı yapıdan spinel yapıya tersinmez olarak dönüşmesi nedeniyle hızlı şekilde kapasite kaybına uğramaktadır. Tabakalı yapıyı kararlı hale getirerek kapasite kaybını önlemek için manganın bir kısmı yerine değişik metal katkılama yapılmaktadır. Bu amaçla Al, Cr, Ni ve Co katkılanmış $LiMnO_2$ bileşiğinin kapasite kaybının azaldığı bulunmuştur [56]. Ayrıca Al_2O_3 ve CoO gibi metal oksit kaplanmış $LiMnO_2$ bileşiğinin kapasite kaybının azaldığı bulunmuştur [57,58].

2.2.1.2. Olivin Yapısı, $LiFePO_4$

$LiFePO_4$ ucuz, çevre dostu, yüksek enerji yoğunluğu, elektrolit içinde ve yükseltgenmiş halde termal olarak kararlıdır ve bu yüzden katot aktif madde olarak büyük ilgi çekmektedir. $LiFePO_4$ bileşiği metalik lityuma karşı 3.4 V deşarj potansiyeline ve 170 mAh g^{-1} gibi yüksek teorik kapasiteye sahiptir [59] .Ancak $LiFePO_4$ bileşiğinin lityum iyonik iletkenliği ve elektronik iletkenliğinin (10^{-9}-10^{-10} S cm^{-1}) düşük olması bu bileşiğin ticari lityum iyon pillerinde katot aktif madde olarak kullanımını engellemektedir. İletkenliğinin düşük olmasının nedeni bileşiğin Şekil 2.7'de görüldüğü gibi düzenli olivin yapısına sahip olmasından kaynaklanmaktadır. Olivin yapıda Li atomları sekizyüzlü 4a, Fe atomları sekizyüzlü 4c ve P atomları ise dörtyüzlü 4c konumlarında bulunmaktadır. $LiFePO_4$ elektrotları elektronik iletkenliği düşük olan $FePO_4$ ve $LiFePO_4$ fazlarından oluşur. Elektronik iletkenliğin düşük olmasının nedeni demirin $FePO_4$ ve $LiFePO_4$ fazlarında sırasıyla +3 ve +2 olmak üzere tek bir yükseltgenme basamağında olmasıdır. Elektronik olarak izole edilmiş olan alanların elektrotta inaktif olarak kalması nedeniyle pratikte maddenin teorik kapasitesine ulaşılamaz. Bileşiğin iyonik ve elektronik iletkenliğini artırmak için karbon veya iletken kaplama ve nano boyutta tanecik üretim yöntemleri kullanılmaktadır [60].

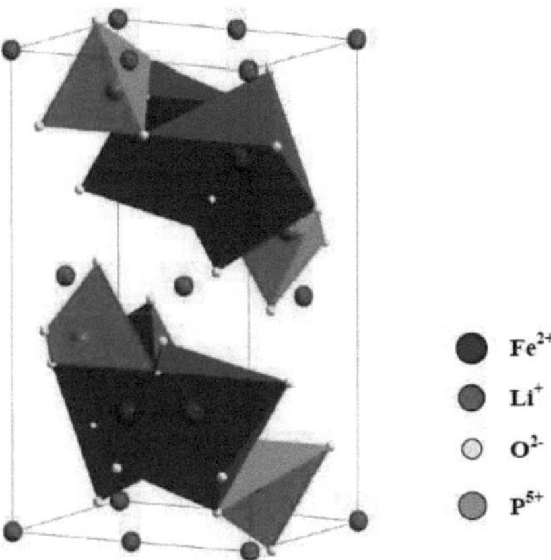

Şekil 2.7. $LiFePO_4$ bileşiğinin kristal yapısı

2.2.1.3. Spinel Yapı

$LiMn_2O_4$ spinel bileşiğinin katot aktif madde özelliği ilk defa Thackeray ve arkadaşları tarafından rapor edildikten sonra yoğun şekilde araştırılmıştır [29]. $LiMn_2O_4$ spinel bileşiği; ucuz, bol bulunan, termal olarak kararlı ve çevre dostu olması nedeniyle elektrikli araçlar (EV) ve melez elektrikli araçlar (HEV) bakımından ilgi çekmektedir. Ancak $LiMn_2O_4$ özellikle yüksek sıcaklıkta kapasite kaybına uğramakta ve değeri 120 mAh g^{-1} olan düşük kapasiteye sahiptir. $LiMn_2O_4$ bu çalışmanın konusudur ve daha sonraki bölümlerde detaylı olarak anlatılacaktır.

2.2.2. Anot Aktif Maddeler

Metalik lityum yüksek spesifik kapasiteye (3860 mAh g^{-1}) ve düşük elektrot potansiyeline (standart hidrojen elektroda karşı -3.045 V) sahip olmasına rağmen anot aktif madde olarak kullanıldığı pillerde uzun süreli doldurma/boşalma işlemi, lityum metalinin dallanmalı büyümesine ve dallantılı büyümeyle oluşan kısa devre, pilin yanması ve patlamasına neden olmaktadır [3]. Yoğun çalışmalar sonucu ticari lityum iyon pillerde lityum metalinden daha güvenli olan karbonlu maddeler anot aktif maddesi olarak kullanılmaya başlanmıştır. Karbonlu maddelerin anot olarak kullanılması lityumdan kaynaklanan güvenlik probleminin kısmen çözülmesine ve lityum iyon pil teknolojisinin büyük oranda ticarileşmesine neden oldu. Lityum iyonları, karbonlu maddelerle lityuma karşı 0.05 V olan düşük potansiyel değerlerinde içerme tepkimesi vermektedir. Grafit, oda sıcaklığında lityum ile konak-konuk tepkimesi vererek spesifik kapasitesi 372 mAh g^{-1} olan LiC_6 bileşiğini oluşturur.

Çoğu elektrolit bu potansiyel değerlerinde (0.05V) kararsız olup elektrot yüzeyinde bozunmaktadır. Karbonlu anodun yüzeyinde elektrolit bozunarak katı-elektrolit ara yüzey (SEI) tabakası olarak adlandırılan pasivasyon tabakası oluşmaktadır. Oluşan bu tabaka elektrolitin daha fazla bozunmasına ve lityum iyonunun başka türlerle birlikte karbonun örgü boşluğuna girmesine engel olmaktadır. Ancak pilin fazla şarj edilmesi sonucu karbon anotta biriken metalik lityum çözücü ile tepkime vererek yanıcı gaz karışımının oluşmasına neden olabilir. Bazı durumlarda aşırı lityum ile yüklenmiş olan karbonlu anot yanıcı patlamaya neden olabilir. Bu yüzden büyük kazaların önlenmesi için şarj işleminin kontrol edilmesi gerekmektedir. Güvenlik kaygılarını azaltmak için iki yol izlenmektedir. Bunlar, i) Yüksek voltajlı anot aktif maddesi ve ii) Sıvı elektrolitlerden daha yüksek kararlılığa sahip olan katı elektrolitlerin kullanılmasıdır. Düşük buhar basıncına sahip ve çözücü içermeyen katı elektrolitlerin kullanılması bataryaların uzay aracı gibi özel dizayn ve dikkat gerektiren araçlarda kullanımını mümkün kılmaktadır.

Anot aktif madde olarak ticari lityum iyon bataryalarda kullanılan karbonun yerine geçebilecek daha güvenli, yüksek spesifik kapasiteye ve güç yoğunluğuna sahip alternatif maddelerin sentezlenmesi ve geliştirilmesi ilgili çalışmalar yapılmaktadır [61]. $Li_4Ti_5O_{12}$ [62] ,kalay oksit [63] ve metal alaşımları [64] gibi bazı alternatif anot aktif maddelerin özellikleri Tablo 2.1'de verilmiştir. $Li_4Ti_5O_{12}$ bileşiğinin potansiyelinin yüksek olması (lityuma karşı 1.5 V), SnO_2 bileşiğinin önemli oranda tersinmez kapasiteye sahip olması ve metal alaşımlarının döngü sırasında büyük hacim değişimine uğraması gibi nedenler bu maddelerin karbonun yerini almalarında önemli engel oluşturmaktadır. Elektronik ve iyonik iletkenliği düşük olan $Li_4Ti_5O_{12}$ bileşiği düşük akım yoğunluğuna sahiptir. $Li_4Ti_5O_{12}$ bileşiğinin iletkenliğini artırmak için metal katkılama, karbon ve iletken bir fazla kaplama ve tanecik boyutunu küçültme gibi yöntemler kullanılmaktadır. Son yıllarda Sony firması, karbondan daha büyük enerji yoğunluğuna sahip olan kalay esaslı nano tanecikleri lityum iyon pillerde anot olarak kullanmaya başlamıştır [65].

Tablo 2.1. Lityum iyon pillerde kullanılan anot aktif maddeler

Anot aktif madde	Lityum katkılanmış anot aktif madde	Teorik kapasite (mAh g^{-1})
Grafit	LiC_6	372
Kok	$Li_{0.5}C_6$	185
$Li_4Ti_5O_{12}$	$Li_7Ti_5O_{12}$	160
Al	LiAl	800
Sn	$Li_{4.4}Sn$	790
SnO	$Li_{4.4}Sn/Li_2O$	658
SnO_2	$Li_{4.4}Sn/Li_2O$	564
Sn_2Fe	$Li_{4.4}Sn/Fe$	666

2.2.3. Elektrolitler

Lityum iyon pillerin çalışma aralığı (~3V) suyun elektrokimyasal kararlılık penceresinden daha geniş olduğu için sulu elektrolitler kullanılamaz. Elektrolit olarak elektrokimyasal kararlılık penceresi daha geniş olan lityum tuzlarının organik çözücülerdeki çözeltileri kullanılır. İyi bir elektrolit; ucuz, güvenli, kimyasal olarak kararlı ve geniş bir sıcaklık aralığında iletken (iyonik) olmalı, 4.5 V'dan daha büyük elektrokimyasal kararlılık penceresi, düşük buhar basıncı, düşük toksik özellik ve düşük viskozite sıcaklık katsayısına sahip olmalıdır. Şekil 2.8'de bazı organik çözücülerin kimyasal formülleri verilmektedir [66].

Lityum iyon pillerinin çalışma sıcaklık aralığı genelde -20 ile +60 ^{o}C arasında olduğu için düşük erime noktası, yüksek kaynama noktası ve düşük buhar basıncına sahip olan çözücüler tercih edilmektedir. İyonik iletkenlik, hareketliliğe (mobilite) ve iyonik yük taşıyıcılarının sayısına bağlıdır. İyonik yük taşıyıcıların sayısı ve hareketlilik, çözücünün viskozitesi ve dielektrik sabiti ile ilişkilidir ve çözücü seçimi, pilin elektrokimyasal performansında önemli rol oynaktadır [66].

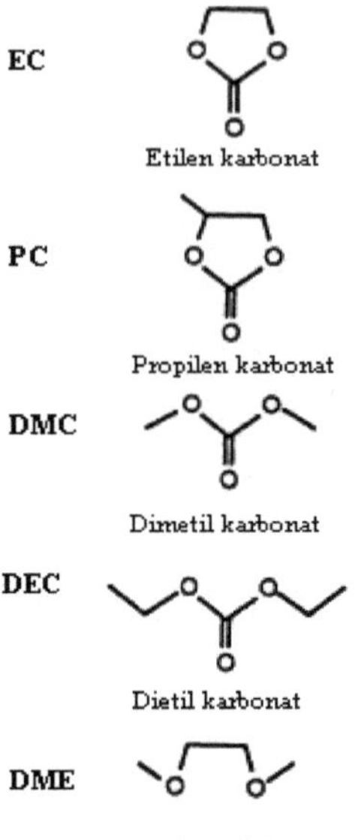

Şekil 2.8. Bazı önemli organik çözücülerin kimyasal formülleri

Bazı çözücülerin fiziksel özelliği Tablo 2.2'de verilmiştir. İstenen özellikte elektrolit elde edilmesi için pratikte iki veya daha fazla çözücü karıştırılarak kullanılır. EC oda sıcaklığında katı ve viskoz olduğu için viskozitesi daha düşük olan dimetil karbonat (DMC) veya dietil karbonat (DEC) gibi çözücülerle karıştırılarak kullanılmaktadır. Organik çözücülerin su içeriği metalik lityumla istenmeyen kimyasal tepkimeleri önlemek için 20 ppm'den düşük olmalıdır. Genellikle elektrolitler uygun özellikteki lityum tuzlarının uygun çözücülerde çözünmesi ile hazırlanırlar. Tablo 2.3'de lityum pillerde yaygın olarak kullanılan bazı lityum tuzları verilmiştir. İçinde $LiPF_6$ tuzu çözünmüş olan etilen karbonat (EC) temelli elektrolitler 5V üzerinde kararlıdır ve lityum iyon pillerde yaygın olarak kullanılmaktadır [67]. Lityum tuzlarının yüksek molekül ağırlıklı polimerlerdeki çözeltileri veya polimer yapı içine lityum çözeltilerinin absorbe edildiği polipropilen (PP) veya polietilen (PE) gibi polimerik membranlar kullanılabilir. Elektrolit olarak kullanılabilen bu membranlar pilin daha ince tasarlanmasına olanak sağlar.

Tablo 2.2. Elektrolitlerde kullanılan bazı çözücülerin fiziksel özellikleri

Çözücü	Bağıl dielektrik sabiti	Viskozite (cp)	Erime noktası (°C)	Kaynama noktası (°C)	İndirgenme potansiyeli	Yükseltgenme potansiyeli	Donor sayısı
Etilen karbonat (EC)	90	1.9	37	238	-3.0	+3.2	16.4
Propilen karbonat (PC)	65	2.5	-49	242	-0.3	+3.6	15.1
1,2 dimetiloksietan (DME)	7.2	0.46	-58	84	-3.0	+2.1	20.0
Tetrahidrofuran (THF)	7.4	0.46	-109	66	-3.0	+2.2	
Metil format (MF)	8.5	0.33	-99	32			16.5
Metil asetat (MA)	6.7	0.37	-98	58	-2.9	+3.4	
Dimetil karbonat (DMC)	3.1	0.59	3	90			
Etil metil karbonat (EMC)	2.9	0.65	-55	108	-3.0	3.7	
Dietil karbonat (DEC)	2.8	0.75	-43	127			15.1
Etil asetat (EA)	6.0	0.43	-84	77			17.1

Tablo 2.3. Susuz elektrolitlerde kullanılan bazı lityum tuzları

Halojenürler	LiCl, LiBr, LiI
Florür bileşikleri	$LiBF_4$, $LiPF_6$, $LiAsF_6$, $LiSbF_6$
Klorür bileşikleri	$LiAlCl_4$, $LiGaCl_4$
Oksitli bileşikleri	$LiClO_4$, $LiCF_3SO_3$, $LiN(CF_3SO_2)_2$, $LiC(CF_3SO_2)_3$, $LiCF_3CO_2$

2.2.4. Ayıraç (Separatör)

Pillerde anot ve katodun doğrudan temasını engellemek ve iyon taşınmasını sağlamak için ayıraç kullanılır [1,2]. Organik elektrolitten kaynaklanan düşük iyonik iletkenlik nedeniyle ayıraç elektrolite karşı kimyasal ve elektrokimyasal olarak kararlı olmalı, mikrometre düzeyinde bir kalınlığa sahip olmalı ve mekanik olarak dayanıklı olmalıdır. Ayrıca ayıraç; pilin dışarıdan kısa devre olması, fazla şarj olması ve fazla deşarj olması durumlarında, eriyerek büyük akım geçişini engelleyen bir emniyet aracı olarak rol oynamalıdır. Bu amaçla ticari lityum iyon pillerinde polietilen (PE) ve polipropilen (PP) filmler ayıraç olarak kullanılmaktadır.

2.2.5. Emniyet Araçları

Lityum iyon pilleri lityum metalinin anot olarak kullanıldığı lityum pillerden daha kararlı olmasına rağmen yükseltgenmiş olan katotlar ve uçucu organik elektrolitler nedeniyle güvenlik hala önemini koruyan bir konudur [2,66]. Fazla şarj ve fazla deşarj nedeniyle oluşan termal ısınma ve kısa devreyi önlemek için emniyet valfı, pozitif termal katsayı (PTC) elemanı ve dış devre elemanı gibi maliyeti artıran bazı emniyet araçları kullanılmaktadır. Güvenlik valfı, aşırı şarj nedeniyle pil içinde oluşan gaz basıncında, kendiliğinden yırtılarak şarj akımını keser. PTC, pil sıcaklığı normal çalışma sıcaklığını aştığında direnci artarak akım geçişini durdurur.

2.3. Katot Aktif Spinel Lityum Mangan Oksit Bileşikleri

Kapasitesi yüksek (140 mAh g^{-1}) ve kapasite kaybı düşük olması nedeniyle ticari lityum iyon pillerde katot aktif madde olarak kullanılan $LiCoO_2$, pahalı, toksik ve akım yoğunluğu düşük olan bir maddedir. Elektrikli (EV) ve hibrit elektrikli (HEV) araçlarda ucuz, çevre dostu ve akım yoğunluğu yüksek olan katot aktif maddelere gerek duyulmaktadır. Ucuz, bol bulunan ve çevre dostu olan bir kısım katot aktif mangan ve demir bileşikleri ile ilgili yoğun araştırmalar yapılmaktadır. Bunlardan en çok ilgi çekenlerden biri ucuz, bol bulunan, çevre dostu ve çalışma voltajı $LiCoO_2$ bileşiğine yakın olan spinel $LiMn_2O_4$ bileşiğidir [68]. Ancak, $LiMn_2O_4$ bileşiği düşük kapasiteye (120 mAh g^{-1}) sahip ve yüksek kapasite kaybına uğramaktadır. Nissan firması, 2000 yılında yaptığı pilot araç üretiminde spinel $LiMn_2O_4$ maddesini (Shin-Kobe Electric

Machinery Company) içeren lityum iyon pilleri kullanmıştır. Bu durum, lityum iyon pillerinin EV ve HEV uygulamalarında kullanılabileceğini göstermektedir [6].

2.3.1. Spinel Yapı

Adını $MgAl_2O_4$ mineralinden alan ve AB_2X_4 genel formülü ile gösterilen spinel yapı, X anyonunun oluşturduğu yüzey merkezli kübik örgüde, sekizyüzlü boşlukların yarısının B katyonu ve dörtyüzlü boşlukların sekizde birinin A katyonunun doldurması ile oluşan yapılar olarak tanımlanır [69]. Şekil 2.9'da $LiMn_2O_4$ spinel bileşiğinin yapısı görülmektedir. Birim hücrede 8 tane $LiMn_2O_4$ (AB_2X_4) formül birimi bulunmaktadır. Oksijen oluşturduğu kübik sık istiflenmiş örgüde, 64 dörtyüzlü boşluğun (8a, 8b ve 48 f) sekizde biri olan 8a konumlarına lityum iyonları ve 32 sekizyüzlü boşluğun (16c ve 16d) yarısı olan 16d konumlarına da Mn^{3+} ve Mn^{4+} iyonları yerleşmiştir. Boş olan dörtyüzlü 8b ve 48f ile sekizyüzlü 16c konumları, lityum iyonu için 3 boyutlu difüzyon yolu oluşturur. Kenarları ortak olan MnO_6 sekizyüzlülerdeki metal atomları arasında gerçekleşen Mn-Mn etkileşimi de elektrik iletkenlik sağlar. Dörtyüzlü A atomu (8a) ve sekizyüzlü B atomu konumları (16d) ile bunlara en yakın komşu konumlar Şekil 2.10'da ve Li, Mn ve O atomlarının birim hücredeki istiflenmiş hali Şekil 2.11'de görülmektedir.

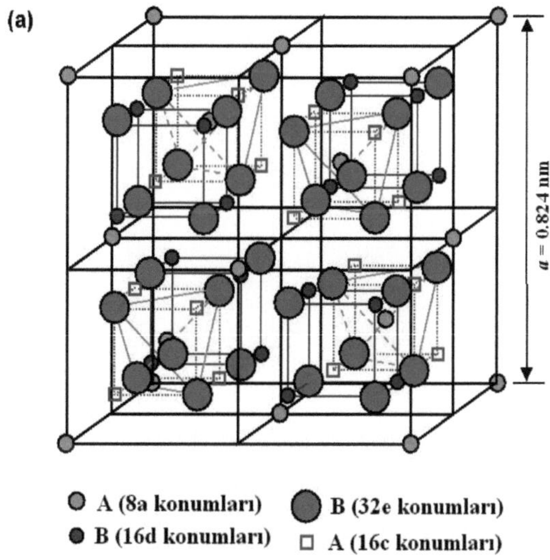

Şekil 2.9. $LiMn_2O_4$ spinel Bileşiğinin a) Birim hücresi

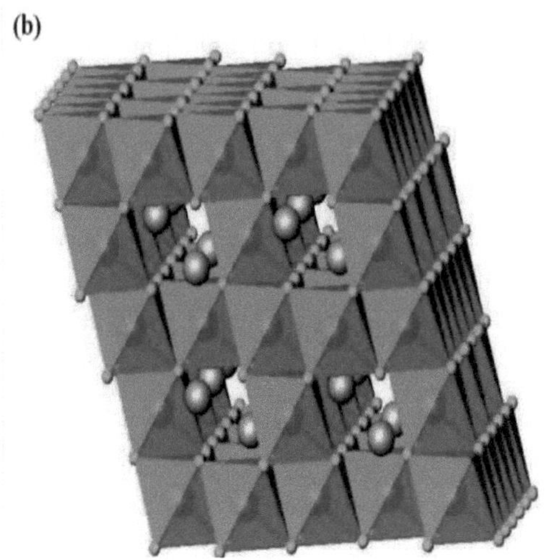

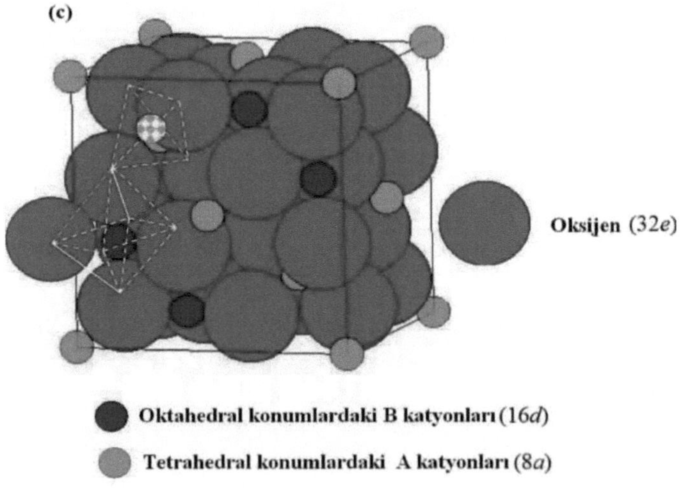

Şekil 2.9. $LiMn_2O_4$ spinel bileşiğinin b) Lityum iyonu difüzyon yolu, c) Şematik yapısı [70]

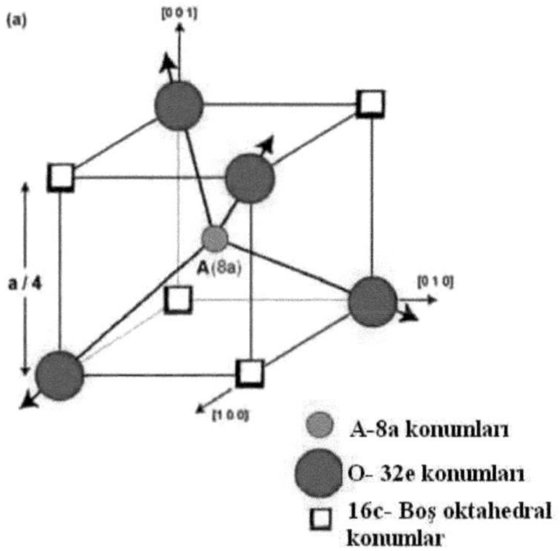

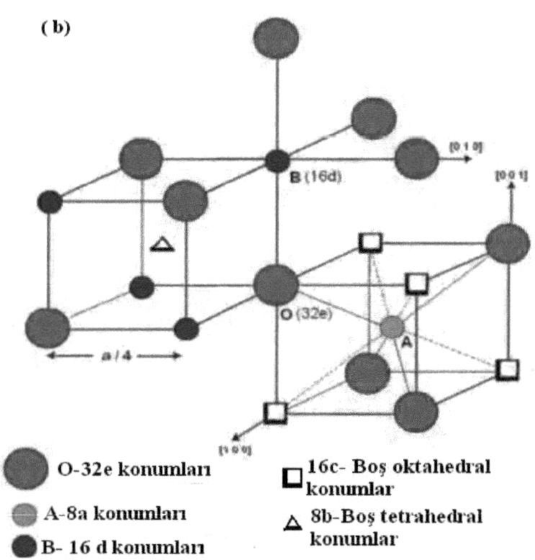

Şekil 2.10. a) Dörtyüzlü A atomu konumu (8a) ve b) Sekizyüzlü B atomu konumu (16d) ile bunlara en yakın komşu konumlar [70]

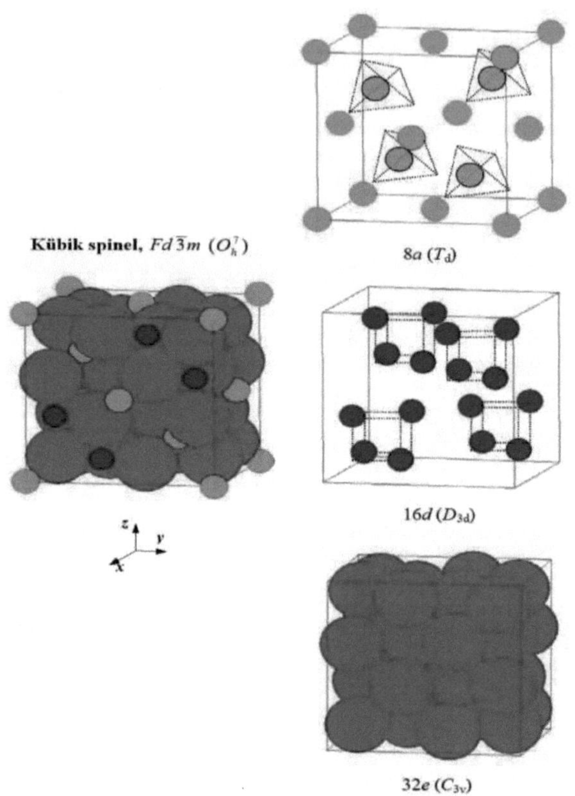

Şekil 2.11. Kübik spinel $LiMn_2O_4$ birim hücresinde Li, Mn ve O atomlarının istiflenmesi [70]

2.3.2. Li-Mn-O Faz Diyagramı

Li-Mn-O sistemindeki fazlar farklı Li/Mn oranı ve mangan değerliğine sahiptir [71]. Li-Mn-O sistemi faz diyagramının bir parçası Şekil 2.12'de görülmektedir [71]. Faz diyagramının λ-MnO_2-$Li_2Mn_2O_4$-Li_2MnO_3 üçgen bölgesinde bulunan fazlar spinel veya kaya tuzu yapısına sahiptir. Stokiyometrik spinel fazlar Mn_3O_4-$Li_4Mn_5O_{12}$ faz çizgisi üzerinde ve stokiyometrik kaya tuzu fazları ise MnO-Li_2MnO_3 faz çizgisi üzerinde bulunmaktadır. Spinel ve kaya tuzu fazlardan lityum ekstraksiyonu ve lityum katkılama sırasında gerçekleşen faz bileşimindeki değişim kesikli çizgiler ile gösterilmiştir. Lityum iyon piller için önemli olan stokiyometrik spinel fazlar, faz diyagramında

$LiMn_2O_4$-$Li_4Mn_5O_{12}$ arasında katı çözelti oluştururlar. Bunlar $Li_{1+\delta}Mn_{2-\delta}O_4$ veya $Li[Mn_{2-\delta}Li_\delta]O_4$ ($0 \leq \delta \leq 0.33$) genel formülü ile gösterilirler. Lityum katkılandığında $LiMnO_2$ - $Li_7Mn_5O_{12}$ faz çizgisi üzerinde bulunan stokiyometrik kaya tuzu bileşimine dönüşürler. Katkılanan lityumun stokiyometrik bileşimden daha az olması durumunda, spinel faz dörtyüzlü konumda bulunan lityum iyonlarının sekizyüzlü konuma geçmesi sonucu bileşimi $LiMn_2O_4$ - $Li_4Mn_5O_{12}$ - $Li_7Mn_5O_{12}$ - $LiMnO_2$ alanı içinde bulunan kusurlu kaya tuzu fazına dönüşür. Dörtyüzlü konumdaki lityum ekstrakte edildiğinde ise, $Li[Mn_{2-\delta}Li_\delta]O_4$ fazının bileşimi MnO_2 - $Li_4Mn_5O_{12}$ faz çizgisine doğru kayarak MnO_2 - $Li_4Mn_5O_{12}$ - $LiMn_2O_4$ faz bölgesinde kalan kusurlu spinel faza dönüşür. Li-Mn-O sisteminde lityum iyon piller bakımından önemli olan spinel yapılar, faz diyagramında MnO_2-$LiMn_2O_4$-$Li_4Mn_5O_{12}$ üçgeni ile tanımlanabilir. Bunlar (i) $Li_x[Mn_2]O_4$ ($0 \leq x \leq 1$), (ii) $Li[Mn_{2-\delta}Li_\delta]O_4$ ($0 \leq \delta \leq 0.33$) ve (iii) $Li_2O.yMnO_2$ ($y \geq 2.5$) sistemleri ile temsil edilirler [71].

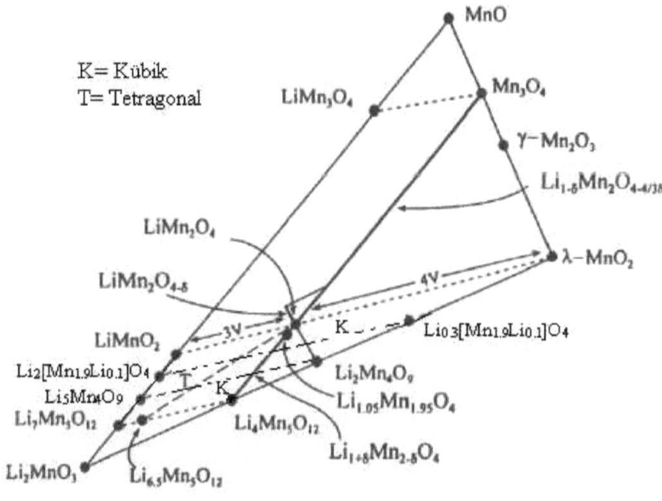

Şekil 2.12. Li-Mn-O sistemi faz diyagramı [71]

2.3.3. $Li_x[Mn_2]O_4$ ($0 \leq x \leq 2$) Sistemi

$Li_x[Mn_2]O_4$ bileşiği Şekiller 2.9, 2.10 ve 2.11'de görüldüğü gibi uzay grubu Fd3m olan kübik spinel yapıya sahiptir. Lityum iyonları dört yüzlü 8a, Mn iyonları sekiz yüzlü 16d ve oksijen iyonları 32e konumlarına yerleşirken, dörtyüzlü 48f ve sekizyüzlü 16c konumları boştur. Şekil 2.9.(b)'de görüldüğü gibi kenarları ortak olan MnO_6 sekizyüzlülerinin kübik geometride üç boyutlu olarak dizilmesi, $[Mn_2]O_4$ spinel iskeletini kararlı ve sağlam yapmaktadır. Dörtyüzlü konumlar arasında (8a, 8b ve 48f) lityum iyonunun bulunduğu 8a konumu, manganın bulunduğu 16d konumuna en uzak olan konumdur. 8a dörtyüzlüsü ve 16d sekizyüzlüsü yüzeyleri ile boş olan komşu 16c sekizyüzlüsünün yüzeyleri ortaktır. Bu yapısal özellikler nedeniyle stokiyometrik spinel bileşikler oldukça kararlıdır. Spinel $Li_xMn_2O_4$ ($0 \leq x \leq 2$), Şekil 2.13'de görüldüğü gibi metalik lityuma karşı biri 3V diğeri 4V olmak üzere iki voltaj platosuna sahiptir. 4V civarındaki voltaj platosu, 8a konumundaki lityum iyonlarının yapıdan ayrılması ve aynı anda Mn^{3+} iyonunun Mn^{4+} iyonuna yükseltgenmesine karşılık gelmektedir. Lityum iyonlarının tamamının dörtyüzlü konumdan ayrılması durumunda, yarıçapı büyük olan Mn^{3+} iyonlarının yarıçapı daha küçük olan Mn^{4+} iyonlarına dönüşmesi nedeniyle, birim hücre boyutu daha küçük olan spinel λ-MnO_2 bileşiği oluşur. Şekil 2.14'de verilen metalik lityuma karşı $LiMn_2O_4$ spinel bileşiğinin dönüşümlü voltamogramında, 3V civarında bir pik ile $Li_{0.5}[Mn_2]O_4$ bileşimine karşılık gelen ve birbirinden yaklaşık 100 mV kadar ayrılmış olan 4V civarında iki pik görülmektedir. 4V civarındaki iki pik, lityum iyonlarının dörtyüzlü konumların yarısında düzenlenmesi ile ilgilidir. Yüksek voltaj, Şekil 2.15 (a)'da görüldüğü gibi lityum iyonlarının bulunduğu derin enerji çukuru ve 8a konumundaki lityum iyonunun boş 16c konumdan geçerek başka bir 8a konuma geçiş için gerekli olan büyük aktivasyon enerjisinden kaynaklanmaktadır [71].

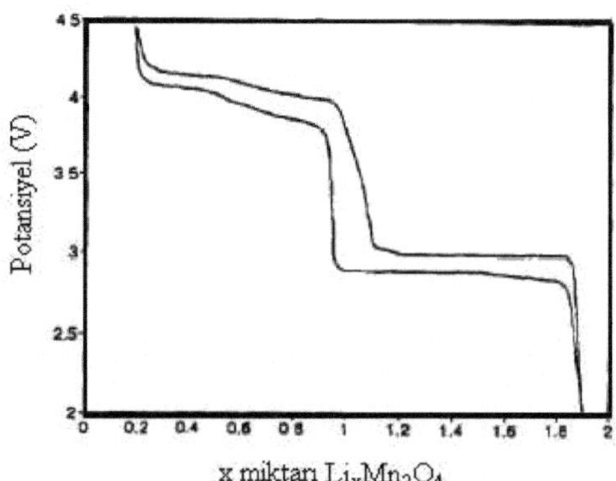

Şekil 2.13. $Li/Li_x[Mn_2]O_4$ pilinin $0 < x < 2$ aralığında ve sabit akımda x değerine karşı voltaj eğrisi [71]

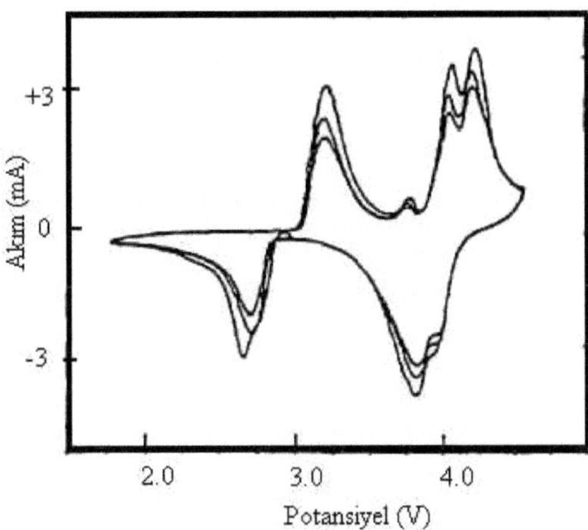

Şekil 2.14. L/$Li_x[Mn_2]O_4$ pilinin dönüşümlü voltamogramı [71]

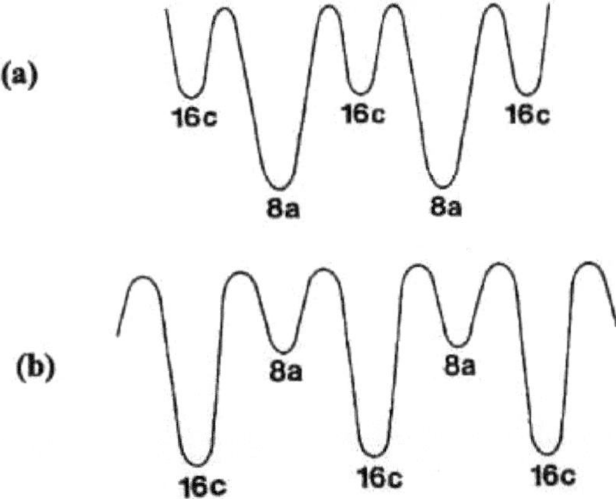

Şekil 2.15. (a) Spinel $Li[Mn_2]O_4$ ve (b) Kaya tuzu yapısına sahip $Li_2[Mn_2]O_4$ bileşiklerinin dörtyüzlü 8a ve sekizyüzlü 16c konum enerjilerinin şematik gösterimi [71]

3V civarındaki voltaj platosu, $Li[Mn_2]O_4$ örgüsünün 16c konumuna lityum iyonunun girmesi ve aynı anda Mn^{4+} iyonunun Mn^{3+} iyonuna indirgenmesi sürecine karşılık gelir. 16c konumuna giren lityum iyonları ile 8a konumundaki lityum iyonları arasında elektrostatik etkileşimin minimum olması için 8a konumundaki lityum iyonları 16c konumuna geçerek tetragonal bozunmuş kaya tuzu yapısına sahip $[Li_2]_{16c}[Mn_2]_{16d}O_4$ bileşiği oluşur. Kübik yapının tetragonal bozunması, e_g düzeyinde tek elektron bulunduran yüksek spin $Mn^{3+}:3d^4$ iyonuna ait Jahn-Teller etkisinden kaynaklanmaktadır. Kaya tuzu yapısında, Şekil 2.15.(b)'de görüldüğü gibi sekizyüzlü 16c konumu dörtyüzlü 8a konumundan daha düşük enerjilidir. Kaya tuzu fazının sekizyüzlü konumundan 16c lityum iyonunu uzaklaştırmak için gerekli enerji, spinel fazın dörtyüzlü 8a konumundan uzaklaştırmak için gerekli olan enerjiden daha düşüktür. $Li_2[Mn_2]O_4$ bileşiğinin nötron kırınımı ile yapılan yapı analizinde lityum iyonlarının, 16c konumunda daha fazla olmak üzere, hem 8a ve hem de 16c konumlarına yerleştiği bulunmuştur. Bu durum, $Li_2[Mn_2]O_4$ bileşiğinde dörtyüzlü ve sekizyüzlü konum enerjileri farkının az olduğunu göstermektedir. Sonuç olarak kaya tuzu yapısında lityum iyonunun difüzyon aktivasyon enerjisinin spinel yapıya göre daha düşük olduğu söylenebilir. Lityum iyonu katkılama ve ekstraksiyon işleminin her ikisinin de Mn^{3+}/Mn^{4+} redoks çiftiyle ilgili olmasına rağmen, tek plato yerine aralarında 1 V fark olan iki platonun gözlenmesinin nedeni dörtyüzlü 8a ve sekizyüzlü 16c konum enerjilerinin farklı olmasıdır [71] .

Lityum katkılama sırasında $Li_x[Mn_2]O_4$ fazı, Jahn-Teller etkisi nedeniyle kübik simetriden (c/a = 1.0) tetragonal simetriye (c/a = 1.16) dönüşür. $Li_x[Mn_2]O_4$ fazında x değeri arttıkça Mn^{3+} iyonu miktarı artar ve buna bağlı olarak da kübik simetriden tetragonal simetriye olan dönüşüm artar. $Li_x[Mn_2]O_4$ fazının kristalografik parametrelerindeki değişme, X-ışınları kırınımı toz deseninden (XRD) anlaşılabilir. Şekil 2.16'da λ-MnO_2, $LiMn_2O_4$ (x = 1) ve $Li_2Mn_2O_4$ (x = 2) bileşiklerinin XRD toz deseni görülmektedir. XRD toz desenlerindeki pikler katkılanan lityum miktarına bağlı olarak daha küçük açı değerlerine doğru kaymakta ve yarılmaktadır. Lityum katkılandığında λ-MnO_2 fazının kırınım pikleri (Şekil 2.16.(a)) daha küçük açı değerlerine kayarak $LiMn_2O_4$ fazının kırınım piklerine (Şekil 2.16.(b)) dönüşmüştür. Katkılanma miktarı x = 2 değerine ulaştığında, λ-MnO_2 fazının kırınım pikleri, daha küçük açı değerlerine kaymakta ve kübik simetriden tetragonal simetriye olan dönüşüm nedeniyle yarılarak $Li_2Mn_2O_4$ fazının kırınım piklerine (Şekil 2.16 (c)) dönüşmektedir. Örneğin kübik spinel $LiMn_2O_4$ fazının (311) ve (400) pikleri tetragonal $Li_2Mn_2O_4$ fazının (113), (311), (004) ve (400) piklerine dönüşmüştür [71].

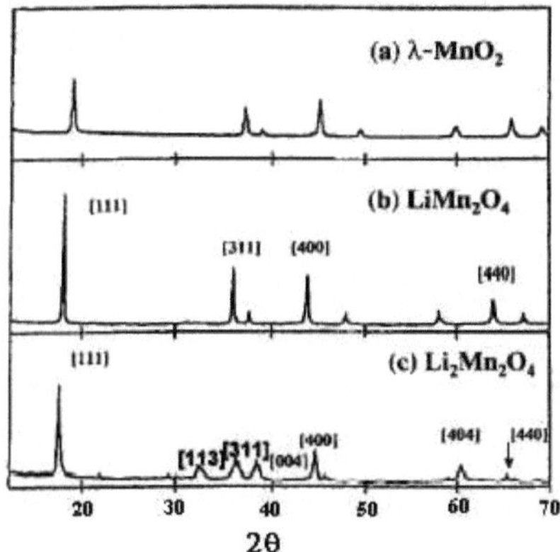

Şekil 2.16. (a) λ-MnO_2, (b) Li[Mn_2]O_4 ve (c) Li_2[Mn_2]O_4 fazlarına ait XRD toz desenleri [71]

2.3.4. Li[$Mn_{2-\delta}Li_\delta$]O_4 ($0 \leq \delta \leq 0.33$) Sistemi

Li[$Mn_{2-\delta}Li_\delta$]O_4 ($0 \leq \delta \leq 0.33$) sistemi, Li[Mn_2]O_4 bileşiğinde δ kadar Mn^{3+} iyonunun yerine δ kadar lityum iyonunun geçmesiyle oluşmuş spinel fazlardan oluşur ve faz diyagramında $LiMn_2O_4$-$Li_4Mn_5O_{12}$ faz çizgisi üzerinde bulunur. δ kadar Mn^{3+} iyonu yerine δ kadar lityum iyonu geçtiğinde, 2 δ kadar Mn^{3+} iyonu Mn^{4+} iyonuna yükseltgenir ve formül birimi başına toplam Mn^{3+} iyonu miktarı 3δ kadar azalır. Mn^{3+} iyonu miktarındaki bu azalma, lityum metaline karşı 4V değerindeki kapasiteyi düşürür. Örneğin Li[$Mn_{1.9}Li_{0.1}$]O_4 fazı, Li[Mn_2]O_4 fazından formül birimi başına 0.1 mol Mn^{3+} iyonu yerine 0.1 mol Li^+ iyonunun geçmesiyle oluşmuştur. Bu spinelin lityum metaline karşı 4V'da olan teorik kapasitesi (106 mAh g^{-1}), türetildiği $LiMn_2O_4$ fazının kapasitesinden (148 mAh g^{-1}) daha düşüktür. Bu faz, tam olarak şarj ve deşarj olduğunda $Li_{0.3}$[$Mn_{1.9}Li_{0.1}$]O_4 ve Li_2[$Mn_{1.9}Li_{0.1}$]O_4 fazlarına dönüşür. $Li_{0.3}$[$Mn_{1.9}Li_{0.1}$]O_4 fazında mangan iyonlarının tamamı Mn^{4+} iyonu şeklinde bulunmaktadır ve dörtyüzlü konumda lityum bulunmasına rağmen lityum metaline karşı 4V'da Mn^{4+} iyonu Mn^{5+} iyonuna yükseltgenemez ve bu nedenle de lityum uzaklaştırılamaz. $Mn^{4+,5+}$: 3d redoks çiftine ait bant O^{2-}: 2p bandı düzeyinde bulunmakta olup Mn^{4+} iyonu ancak 4.5V ve üzeri değerlerde Mn^{5+} iyonuna yükseltgenebilir ve aynı anda dörtyüzlü konumdan lityum uzaklaştırılabilir [71] .

Bu sistemin sınırında bulunan $Li_4Mn_5O_{12}$ ($Li[Mn_{1.67}Li_{0.33}]O_4$) fazında mangan iyonlarının tamamı Mn^{4+} şeklinde bulunmaktadır ve dörtyüzlü konumda lityum bulunmasına rağmen 4V düzeyinde lityum uzaklaştırılamaz. $Li_{1+x}[Mn_{1.67}Li_{0.33}]O_4$ fazının 16c konumuna lityum katkılanması ise lityum metaline karşı 3V civarında gerçekleşir. Bu fazın kübik simetrisi x = 2.5 değerine kadar korunmaktadır ve bundan büyük değerlerde ise Mn^{3+} iyonundan kaynaklanan Jahn-Teller etkisiyle tetragonal bozulma olmaktadır. $Li_4Mn_5O_{12}$ tam olarak deşarj olduğunda, manganın ortalama yükseltgenme basamağının 3.4 ve bileşimi kaya tuzu yapısı bileşiminde olan tetragonal $Li_7Mn_5O_{12}$ fazına dönüşür. $Li_7Mn_5O_{12}$ fazında Mn^{3+} derişiminin daha az olması nedeniyle $Li_7Mn_5O_{12}$ fazında olan tetragonal bozunma (c/a = 1.108), $Li_2Mn_2O_4$ fazından (c/a = 1.16) daha küçüktür [71] .

2.3.5. $Li_2O.yMnO_2$ ($y \geq 2.5$) Spinel Sistemi

Bu sistem, faz diyagramının $Li_4Mn_5O_{12}$-λ-MnO_2 faz çizgisi üzerinde bulunan ve spinel yapıya sahip fazlardan oluşmaktadır. Sistemde mangan iyonlarının tamamı Mn^{4+} şeklinde bulunmaktadır ve dörtyüzlü konumda lityum bulunmasına rağmen 4V düzeyinde lityum uzaklaştırılamaz. Bu sistemde bulunan $Li_2Mn_4O_9$ fazının 16c konumuna lityum katkılanması, lityum metaline karşı 3V civarında gerçekleşmektedir. $Li_2Mn_4O_9$ tam olarak deşarj olduğunda ise, manganın yükseltgenme basamağının 3.25 ve bileşimi kaya tuzu yapısı bileşiminde olan tetragonal $Li_5Mn_4O_9$ fazına (c/a = 1.14) dönüşmektedir [71] .

2.3.6. Yüksek Voltajlı $LiMn_{2-x}M_xO_4$ Spinel Sistemi

Lityum iyon pillerinin enerji ve güç yoğunluğunu artırmak için çalışma voltajı yüksek olan katot aktif maddelerin kullanılması gerekmektedir. Yüksek voltajlı (> 4.5V) katot aktif maddelerin çoğu, genel formülü $LiMn_{2-x}M_xO_4$ ($M=Cr^{3+}$, Fe^{3+}, Co^{3+}, Ni^{2+} ve Cu^{2+}) olan spinel yapıya sahiptir [72,73]. Yüksek voltajlı $LiCoPO_4$ bileşiği ise olivin yapısına sahiptir. Bazı $LiMn_{2-x}M_xO_4$ spinel bileşiklerin voltaj ve bileşim değerleri Tablo 2.4'de verilmiştir. Bu bileşiklerin deşarj eğrilerinde lityuma karşı biri 4V ve diğeri 5V olmak üzere iki plato bulunmaktadır. 5V civarındaki deşarj voltaj değeri ve kapasite, katkılanan geçiş metal iyonunun (M^{n+}) miktarı ve türüne göre değişir. Mangan iyonlarının bir kısmının yerine M^{n+} (n = 2 ve 3) iyonlarının geçmesiyle elde edilen

$LiMn_{2-x}M_xO_4$ bileşiğinde yük dengesinin korunması için manganın ortalama değerliği artar. Örneğin $LiMn_{1.5}Ni_{0.5}O_4$ spinel bileşiğinde manganın tamamı Mn^{4+} şeklinde bulunur. Manganın tamamının Mn^{4+} şeklinde olduğu diğer $Li_2Mn_4O_9$ ve $Li_4Mn_5O_{12}$ bileşiklerinin aksine lityumun $LiMn_{1.5}Ni_{0.5}O_4$ spinel bileşiğinden ayrılması ve aynı anda Ni^{2+} iyonlarının Ni^{3+} ve Ni^{4+} iyonlarına yükseltgenmesi 5V civarında gerçekleşir. Dahn ve arkadaşları, foto elektron spektroskopisi verilerine dayanarak $LiMn_{2-x}Cr_xO_4$ ve $LiMn_{2-x}Ni_xO_4$ bileşiklerinde yüksek voltaj değerinin $Ni^{2+/3+/4+}$ ve $Cr^{3+/4+}$ enerji düzeylerinin bağıl konumundan kaynaklandığını bildirmişlerdir [74]. Foto elektron spektroskopisi verisine göre Ni^{2+}:e_g ve Cr^{3+}:t_{2g} enerji düzeylerinin Mn^{3+}: e_g ve Mn^{4+}: t_{2g} enerji düzeyleri arasında olduğu bulunmuştur.

Tablo 2.4. Yüksek voltajlı (> 4.5 V) spinel LiMn2-yM[1]yO4 (M= Mn veya V) oksitlerin özeklikleri

		Voltaj	
Katyon dağılımı	y aralığı	> 4.5 V	< 4.5 V
$(Li)_{8a}[Mn_{2-y}Cr_y]_{16d}O_4$	0< y < 1.0	4.8 V	4.0 V
$(Li)_{8a}[Mn_{2-y}Fe_y]_{16d}O_4$	0 < y < 0.5	4.9 V	4.1 V
$(Li)_{8a}[Mn_{2-y}Co_y]_{16d}O_4$	0< y < 1.0	5.1 V	3.9 V
$(Li)_{8a}[Mn_{2-y}Ni_y]_{16d}O_4$	0< y < 0.5	4.7 V	4.0 V
$(Li)_{8a}[Mn_{2-y}Cu_y]_{16d}O_4$	0< y < 0.5	4.9 V	4.1 V
$(Li)_{8a}[Mn_{2-y}(Ni,Cu)_y]_{16d}O_4$	0< y < 0.5	4.6-4.9 V	4.1 V
$(V)_{8a}[LiV_{1-y}Ni_y]_{16d}O_4$	0< y < 1.0	4.8 V	4.0 V

2.3.7. Birim Hücre Boyutunun İletkenliğe Etkisi

Lityum iyon pillerde iletkenlik, lityum iyonlarının iletkenliği ve elektronik iletkenliğin toplamından oluşur. İyonik iletkenlik, lityum iyonlarının örgüdeki bir konumdan diğerine geçmesi ve elektronik iletkenlik ise elektronların farklı yükseltgenme basmağında bulunan mangan iyonları arasında atlama mekanizması ile sağlanır. Birim hücre sabiti büyüdüğünde, lityum ve oksijen atomları arasındaki kuvvet azalırken lityum iyonlarının örgü içindeki hareketine karşılık gelen aktivasyon enerjisi düşmesi sonucu iyonik iletkenlik artar. Buna karşılık elektronik iletkenlik azalır. Birim hücre boyutu arttıkça farklı değerliğe sahip komşu mangan atomlarının dalga fonksiyonları arasında örtüşmenin azalması sonucu elektronik iletkenlik düşer. Aşağıdaki eşitlikte elektronik iletkenlik için kritik olan katyonlar arası mesafe verilmiştir [75].

$R_c = 3.20 - 0.05\ m - 0.03\ (Z - Z_{Ti}) - 0.04\ S\ (S + 1)$

Burada m manganın ortalama değerliği (3.5), Z manganın atom numarası (25), Z_{Ti} referans olarak titanyumun atom numarası (22) ve S Mn^{3+}/Mn^{4+} için etkin spindir. $LiMn_2O_4$ spinel yapıda, sekizyüzlü 16d konumlarının yarısı Mn^{3+} ve yarısı da Mn^{4+} iyonları tarafından doldurulduğu için etkin spin aşağıdaki eşitliğe göre hesaplanabilir [75]:

$S = 0.5\ (0.5 * 4 + 0.5 * 3) = 1.75$

$LiMn_2O_4$ için hesaplanan R_c değeri 2.743 Å'dur. $LiMn_2O_4$ bu değerin altındaki değerlerde metalik özellik gösterirken üstündeki değerlerde ise yarı iletken veya yalıtkan özellik gösterir.

$LiMn_2O_4$ bileşiğinde ortalama Mn-Mn ve Mn-O mesafesi aşağıdaki eşitliklerle hesaplanabilir:

$R_{Mn-Mn} = (a*\sqrt{2}) / 4$

$R_{Mn-O} = a\ (3u^2 - 2u + 0.375)^{0.5}$

İyonik iletkenlik ile elektronik iletkenlik arsında bir denge vardır. Birim hücre boyutu büyüdükçe iyonik iletkenlik artmakta buna karşılık elektronik iletkenlik düşmektedir.

2.3.8. Katot Aktif $LiMn_2O_4$ Spinel Bileşiğinin Kapasite Kayıp Nedenleri

$LiMn_2O_4$ spinel bileşiği; ucuz, bol bulunan, termal olarak kararlı ve çevre dostu olması nedeniyle elektrikli araçlar ve melez elektrikli araçlar bakımından ilgi çekmektedir. Ancak $LiMn_2O_4$, özellikle yüksek sıcaklıkta kapasite kaybına uğramakta ve değeri 120 mAh g olan düşük kapasiteye sahiptir.

Literatürde kapasite kaybını açıklamak için birçok mekanizma önerilmiştir:

1) Katot aktif maddenin çözünmesi [76,77].

Katot aktif maddenin çözünmesi kapasite kaybının en önemli nedenlerinden biri olup elektrolitin asidik etkisi ve Mn^{3+} iyonunun verdiği oto indirgenme-yükseltgenme tepkimesi olmak üzere iki şekilde gerçekleşmektedir [78] .

2 Mn^{3+} ($LiMn_2O_4$, katı) → Mn^{2+} (MnO, çözelti) + Mn^{4+} (λ-MnO_2, katı)

Katot aktif madde kaybı, tepkimede oluşan MnO bileşiğinin elektrolitte çözünmesi sonucu meydana gelir. Oto indirgenme-yükseltgenme tepkimesi, eser miktarda HF asidi ile katalizlenir. HF asidi ise elektrolitte bulunan eser miktarda suyun $LiPF_6$ ile tepkimesi ile oluşur.

$LiPF_6$ + H_2O → LiF (çözelti) + 2HF(çözelti) + POF_3(katı)

Çözünmenin bir başka olumsuz etkisi, çözünmüş mangan iyonlarının anot bölgesine taşınarak grafit/elektrolit ara yüzeyinde indirgenmesi sonucu lityum iyon pillerde yük aktarım impedansının artmasına neden olmaktadır [79-81].

2) Jahn-Teller etkisi,

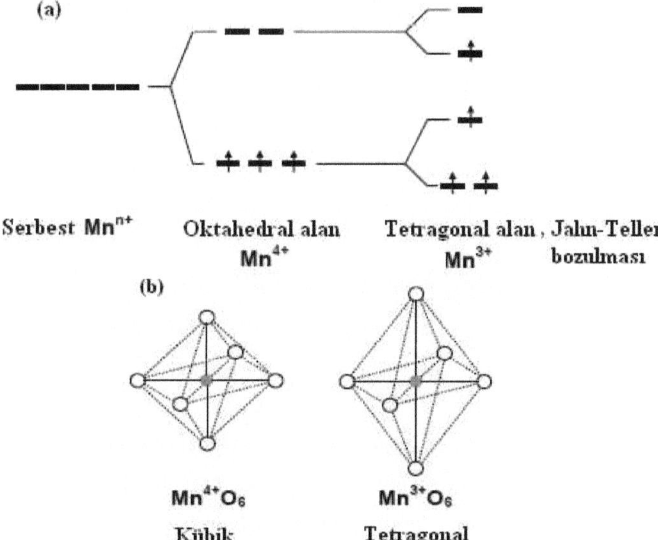

Şekil 2.17. Mangan oksitlerde Jahn-Teller etkisi

Jahn-Teller etkisi, kapasite kaybının bir başka önemli nedeni olup Şekil 2.17'de görüldüğü gibi, yüksek spin Mn^{3+}:$3d^4$ iyonunun e_g düzeyinde bulunan tek elektrondan kaynaklanmaktadır. Bu etki ile Mn^{3+} iyonunun çevresinde bulunan kübik simetrili alan (MnO_6) daha düşük enerjili olan tetragonal simetrili alana dönüşmektedir. Jahn-Teller etkisi, genelde manganın ortalama yükseltgenme basamağı 3.5^+ değerinin altına düştüğünde meydana gelir. 4V bölgesinde manganın ortalama yükseltgenme basamağının 3.5^+ değerinin üstünde olması nedeniyle Jahn-Teller etkisinin olması beklenmez. Ancak yüksek akım yoğunluğunda yapılan deşarj işlemi sonunda spinel taneciklerin yüzeyinde lityum derişiminin gövdesinden daha fazla olması nedeniyle tetragonal faz gözlenmektedir [82–86].

3) Lityum miktarı oldukça az olan $Li_xMn_2O_4$ spinelinin termodinamik olarak kararsız olması,

Şarj işlemi ile lityum miktarı oldukça azaltılmış olan $Li_xMn_2O_4$ spineli, termodinamik olarak kararsız olup 4V bölgesinde oksijen açığa çıkarken eşzamanlı olarak Mn^{3+} iyonu Mn^{4+} iyonuna dönüşmektedir. Oksijen açığa çıkması ve Mn^{3+} iyonunun Mn^{4+} iyonuna dönüşmesi, spinelin çözünmesi ve elektrolitin katalitik olarak yükseltgenmesi ile ilişkilidir [87].

4) Şarj/deşarj döngüsü arttıkça aktif madde ve iletken arasındaki elektronik temasın kaybolması [87]

5) Aşırı şarj nedeniyle elektrolitin bozunması [88,89]

6) Şarj/deşarj işlemi sırasında gerçekleşen faz dönüşümü [90-92]

7) Katot aktif madeninin şarj/deşarj döngüsü ile kristal özelliğini kaybetmesi [93,94]

8) Katot aktif maddenin şarj/deşarj işlemi sırasında hacminin değişmesi [95],

Şarj işlemi sırasında lityum iyonları katot aktif madde örgüsünden ayrılarak hacmin küçülmesine ve deşarj işlemi sırasında ise örgüye girerek hacmin büyümesine neden olurlar. Hacim değişimi her döngüde tekrarlanmaktadır ve tekrarlanan hacım değimi, elektrotta bulunan tanecikler arası elektronik temasın kaybolmasına neden olmaktadır.

Kapasite kaybını ortadan kaldırmak için katyon ve anyon katkılama, düşük sıcaklıkta sentezleme ve spinel taneciklerinin yüzeyinin metal oksit veya benzeri maddelerle kaplanması yöntemleri kullanılmaktadır [96–100].

3. BÖLÜM

DENEL BÖLÜM

3.1. Metal Katkılı Spinel $LiM_xMn_{2-x}O_4$ Bileşiklerinin Sentezlenmesi

Pillerde kullanılan elektro aktif maddelerin tek fazlı, tanecik boyutunun küçük, tanecik boyutu dağılımının homojen ve yüzey alanının büyük olması, kısa sürede ve düşük sıcaklıkta sentezlenmesi istenir. Spinel $LiMn_2O_4$ bileşiği genellikle lityum ve mangan tuzlarından katı hal tepkimesi ile sentezlenmektedir [101-104]. Katı hal tepkimesi ile yapılan sentezde; düzensiz yüzey morfolojisi, büyük tanecik boyutu, heterojen tanecik boyutu dağılımı, kontrol edilemeyen stokiyometri, uzun süreli öğütme ve ısıl işleme ihtiyaç duyulması gibi olumsuzluklar bulunmaktadır [105]. Bu olumsuzlukları gidermek için Pechini [106], sitrik asit [107], birlikte çöktürme [108], sol-jel [109,110], tartarik asit jel [111], ultrasonik sprey piroliz [112], emülsiyon metodu [113] ve glisin-nitrat yakma prosesi [114] gibi çeşitli sentez teknikleri geliştirilmiştir.

Geliştirilen bu metotlar arasında glisin-nitrat yakma yönteminin; ısıl işlem sıcaklığının düşük, sentez süresinin kısa, tanecik boyutunun küçük ve tanecik boyutu dağılımının homojen olması nedeniyle daha avantajlı olduğu bulunmuştur [115]. Bu çalışmada spinel $LiMn_2O_4$ ve $LiM_xMn_{2-x}O_4$ (M: Ni, Co, Al, Mg, Cu, Zn ve Sr, x = 0,01-0,1) türev bileşiklerinin sentezinde glisin nitrat metodu kullanıldı.

Stokiyometrik oranda analitik saflıkta $LiNO_3$ (Riedel de Haan), $Mn(CH_3COO)_2.4H_2O$ (Sigma) ve $M(NO_3)_2$ (M: Ni, Co, Mg, Cu, Zn ve Sr) veya $M(NO_3)_3$ (M: Al) tuzlarının saf suda doygun çözeltisi hazırlandı. Oluşan çözeltiye mol sayıları asetat anyonları ile aynı olacak şekilde derişik nitrik asit ve asetat anyonlarının ¼ kadar olan glisin eklendi. Burada glisin hem yakıt olarak görev yapmakta hem de metal katyonlarını kompleks şeklinde bağlayarak çökmelerine engel olmaktadır. Nitrat ve asetat iyonları ise, glisinin yanması sırasında oksijen sağlamaktadır. Elde edilen çözelti, çözücünün fazlası uzaklaşana kadar manyetik karıştırıcılı ısıtıcı ile karıştırarak kontrollü bir şekilde ısıtıldı. Çözücünün fazlası uzaklaştığında oluşan viskoz kahverengi görünümdeki köpük, ısıtmaya devam edildiğinde kendiliğinden yanarak süngerimsi kül görünümde katı maddeye dönüştü. Katı madde aralıklarla öğütülüp bir kül fırınında 800 °C'da 12 saat süre ile ısıtıldı.

3.2. Kaplama Çalışmaları

Döngü (şarj-deşarj) sırasında $LiMn_2O_4$ bileşiğinin kapasitesinin azalmasında elektrolitin bozucu etkisi önemli rol oynamaktadır. Elektro aktif madde tanecik yüzeylerinin metal oksitler veya metaller ile kaplanması, elektrolit ile olan doğrudan teması engelleyerek kapasite kaybını azalttığı bilinmektedir. Bu çalışmada kapasite kaybını önlemek için yukarıda anlatılan metotla sentezlenmiş olan spinel $LiMn_2O_4$ tanecik yüzeyleri değişik metal oksitler ve metaller ile kaplanmıştır.

3.2.1. $Li_2O.2B_2O_3$ Kaplama

a)Katı Hal Yöntemi [96]

Yaklaşık 1g $LiMn_2O_4$ ve bunun ağırlıkça %1'i olacak şekilde daha önce sentezlenmiş $Li_2O.2B_2O_3$ agat havanda karıştırılarak öğütüldü ve 500 °C'de 10 saat ara öğütmeler yapılarak ısıtıldı.

$Li_2O.2B_2O_3$ sentezi [116]: mol oranları 1:2 olacak şekilde hazırlanmış 0.1 M $LiOH.H_2O$ (Acros) ve 0.2 M H_3BO_3 (Fluka) metanolde çözüldü. Oluşan çözelti, bir ısıtıcılı karıştırıcı üzerinde karıştırarak 50-80 °C'de çözücü uzaklaşana kadar ısıtıldı.

b)Çözelti Yöntemi [117]:

$LiMn_2O_4$'e göre ağırlıkça %1 $Li_2O.2B_2O_3$ alınarak 10 mL metanolde çözüldü ve üzerine yaklaşık 1 g $LiMn_2O_4$ ilave edildi. Elde edilen karışım ısıtıcılı manyetik karıştırıcı üzerinde 70-80 °C'de çözücünün tamamı uzaklaşana kadar ve kül fırınında 500 °C de 10 saat ısıtıldı.

3.2.2. Cr_2O_3 Kaplama

Cr_2O_3 miktarı, $LiMn_2O_4$'e göre ağırlıkça %1'i olacak şekilde alınan $Cr(NO_3)_3.9H_2O$ (Merck) bir miktar saf suda çözüldü. Çözeltiye asidik olması nedeniyle $LiMn_2O_4$'in çözünmesini önlemek için pH değeri 6.5 olana kadar NH_4CH_3COO (Merck) / CH_3COOH (Merck) tampon çözeltisi ilave edildi. Üzerine yaklaşık 1 g $LiMn_2O_4$ ilave edilerek elde edilen süspansiyon kaplamanın homojen dağılması için oda sıcaklığında bir gece manyetik karıştırıcı ile karıştırıldı ve sonra çözücüsü uzaklaşana kadar bir etüvde 100 °C'de ısıtıldı. Ele geçen katı bir fırında 250 °C'de birkaç saat ısıtıldıktan sonra öğütülerek 500 °C'de 11 saat ısıtıldı.

3.2.3. $CaCO_3$ Kaplama

$CaCO_3$ miktarı, $LiMn_2O_4$ e göre ağırlıkça % 1 olacak şekilde alınan kalsiyum stearat, $Ca(C_{17}H_{35}COO)_2$, 20 mL benzende ısıtılarak çözüldükten sonra üzerine yaklaşık 0.5 g $LiMn_2O_4$ ilave edildi. Elde edilen süspansiyon, manyetik karıştırıcıda 1.5 saat karıştırılarak etüvde 80 °C'de çözücüsü uzaklaşana kadar ısıtıldı. Ardından vakumlu etüve alınan katı bir gece 120 °C'de bekletildikten sonra agat havanda öğütülerek önce 400 °C'de sonra 500 °C'de ara öğütmeler yapılarak toplam 3.5 saat ısıtıldı. Kaplama şartlarında kalsiyum stearatın $CaCO_3$'a dönüşüp dönüşmediğini kontrol etmek için aynı işlemler $LiMn_2O_4$ kullanılmadan uygulandı.

3.2.4. Lityum Boro Silikat Kaplama

Kaplama için $LiNO_3$, H_3BO_3 ve tetraetil orto silikat, $(C_2H_5O)_4Si$, bileşiklerinden hazırlanan ve bileşimi %20Li_2O - %80[0.2 B_2O_3 + 0.8 SiO_2] olan lityum boro silikat (LBS) jeli kullanıldı [118]. Yaklaşık 2.4 mL tetraetil orto silikat (TEOS), hacminin 16 katı kadar su ve 5 mL etil alkolden oluşan karışıma ilave edildikten sonra berraklaşana kadar manyetik karıştırıcıda karıştırıldı. Üzerine sırasıyla borik asidin 5 mL etil alkoldeki çözeltisi ve 10 mL 0.1 N HNO_3 (katalizör olarak) çözeltisi eklenip oda sıcaklığında yarım saat karıştırıldı. Bu çözelti, lityum nitratın sudaki çözeltisi ilave edilerek oda sıcaklığında bir saat ve 65 °C'de 3 saat karıştırıldıktan sonra teflon behere alınıp 12 ila 16 saat bekletildiğinde opak/geçirgen LBS jeli oluştu. Kaplama yapmak için LBS miktarı, $LiMn_2O_4$'e göre ağırlıkça %2 olacak şekilde alınan LBS jeli üzerine yaklaşık 0.5 g $LiMn_2O_4$ eklenerek agat havanda öğütüldü. Elde edilen karışım kül fırınında 425 °C'de ısıtıldı.

3.2.5. Fe_2O_3 Kaplama

Fe_2O_3 miktarı, $LiMn_2O_4$ e göre ağırlıkça %1 olacak şekilde $Fe(NO_3)_3.9H_2O$ bileşiği, saf suda çözüldü. Demir iyonlarının çökmesini engellemek için mol sayısının 5 katı kadar askorbik asit (kompleks yapıcı olarak) katıldı. Asidik olan bu çözeltiye $LiMn_2O_4$ bileşiğini çözmesini engellemek için pH değeri 7 olana kadar yavaş bir şekilde amonyak ilave edildi. Amonyak ilavesinden sonra çözelti vişne rengine dönüştü. Bu çözeltiye yaklaşık 0.5 g $LiMn_2O_4$ ilave edilerek bir gece boyunca karıştırıldı. Daha sonra çözücü uzaklaşana kadar etüvde 100 °C de bekletildikten sonra elde edilen katı karışım 250 °C de birkaç saat ısıtıldı. Son olarak öğütülen katı, bir alümina krozede kül fırınında 600 °C de 10 saat ısıtıldı.

3.2.6. Au-Pd Kaplama

$LiMn_2O_4$ katot aktif maddesi, iyonik püskürtme tekniği kullanılarak %80Au-%20Pd alaşımı ile kaplandı. Kaplama işleminde Polaron marka SC7620 model cihaz kullanıldı. Au-Pd alaşımının $LiMn_2O_4$ tanecik yüzeylerinde homojen dağılması için $LiMn_2O_4$ maddesi, 15 saniye aralıklarla öğütülerek toplam 60 saniye süreyle kaplama işlemi yapıldı.

3.2.7. Cu Kaplama

0.78 g bakır sülfat, $CuSO_4.5H_2O$, 10 mL saf suda çözülerek üzerine 2.8 g potasyum sodyum tartarat ($KNaC_4H_4O_6.4H_2O$) eklendi. Elde edilen çözeltiye pH değeri 11.5-12.5 olana kadar NaOH çözeltisi ilave edilip mavi bant süzgeç kağıdından süzüldü ve son hacim su ile 60 mL e tamamlandı. Bu çözeltiye 0.5 g $LiMn_2O_4$ eklenip karıştırıldıktan sonra bakırı indirgemek için yaklaşık 1 mL formaldehit yavaş bir şekilde ilave edildi. Ağzı sıkıca kapatılan karışım bir gece karıştırılarak bekletildi. Son olarak karışımın ultra filtrasyon düzeneği ile selüloz membran filtreden süzülmesi ile elde edilen katı madde, saf su ile yıkandı ve vakumlu etüvde 100 °C de 12 saat kurutuldu.

$$Cu^{2+} + 2HCOH + 4OH^{-} \longrightarrow Cu^{0} + H_2 + 2H_2O + 2HCOO^{-}$$

3.3. Sentezlenen Bileşiklerin Karakterizasyonu

3.3.1. X-Işını Toz Kırınımı Çalışmaları (XRD)

Sentezlenen bileşiklerin saflığını kontrol etmek ve birim hücre parametrelerini bulmak için Bruker marka AXS D8 model X-ışınları toz difraktometresi cihazı ile X-ışınları toz kırınım (XRD) deseni ölçüldü. Ölçümlerde bakır X-ışınları tüpü, NaI tipi sintilasyon sayıcı dedektörü ve grafit monokromatör kullanıldı. XRD toz deseni ölçümleri 0,02^{o} adım açısı kullanılarak 2θ =10-70° açı aralığında, 40 kV ve 40 mA değerlerinde yapıldı. DiffracPlus ve Win-Metric programları ile bileşiklerin XRD toz deseni indislenip birim hücre parametreleri hesaplandı.

3.3.2. Taramalı Elektron Mikroskobu Ölçümleri

Bileşiklerin tanecik boyutu, tanecik boyutu dağılımı ve yüzey morfolojisini incelemek için 20 kV gerilim değerinde çalışan LEO marka 440 model taramalı elektron mikroskobu (SEM) kullanıldı. Numuneler, ölçüm yapmadan önce karbon bant üzerine serilip yüksek vakum altında Au-Pd alaşımı ile kaplandı.

3.3.3. Elementel Analiz

$LiMn_2O_4$ ve türev bileşiklerinin kimyasal bileşimini bulmak için Perkin Elmer marka 3110 model atomik absorpsiyon spektrometresi (AAS), Jenway marka PFP7 model alev fotometresi (FP) ve Varian marka Liberty model indüktif eşlemeli plazma-atomik emisyon spektrometresi (ICP-OES) cihazları kullanıldı.

Numune hazırlamak için katı maddeden yaklaşık 40 mg alınarak üzerine okzalik asit derişimi 0,1 M ve sülfürik asit derişimi 1 M olan çözeltiden 10 mL ilave edildi. Çözünmenin tamamlanması için manyetik karıştırıcılı ısıtıcı ile karıştırarak ısıtıldı ve son hacim %2 HNO_3 çözeltisi ile 100 mL'ye tamamlandı.

Her element için hazırlanan uygun standart çözeltiler kullanılarak örneklerdeki Mn, Ni, Co, Cu ve Zn derişimi AAS, Li derişimi FP ve Mg ve Al derişimi de ICP-OES ile ölçüldü.

3.3.4. Manganın Ortalama Yükseltgenme Basamağının Ölçülmesi

$LiMn_2O_4$ ve $LiM_xMn_{2-x}O_4$ bileşiklerinde manganın ortalama yükseltgenme basamağı indirgenme-yükseltgenme titrasyonu metodu ile ölçüldü [6,119]. Ölçüm için katı örnekten yaklaşık 40 mg alınarak üzerine 0.2 N $Na_2C_2O_4$ ve 1 M H_2SO_4 içeren çözeltiden 10 mL ilave edildi. Katı çözünene kadar karıştırıldıktan sonra elde edilen çözelti, yaklaşık 0.1 N $KMnO_4$ ayarlı çözeltisi ile titre edildi. Titrasyon her örnek için üç kez tekrarlandı.

$$2\ Mn^{(2+x)+} + x\ C_2O_4^{2-} \rightarrow 2\ Mn^{2+} + 2x\ CO_2$$

$$5\ C_2O_4^{2-} + 2\ Mn^{7+} \rightarrow 2\ Mn^{2+} + 10\ CO_2$$

$2+\dfrac{(N_a \cdot V_a - N_b \cdot V_b)\cdot W_{Mn}}{Y \cdot W_s}$ formülü kullanılarak manganın ortalama yükseltgenme basamağı hesaplandı [6,119].

Burada N_a ve V_a sırasıyla $C_2O_4^{2-}$ derişimi ve hacmini, N_b ve V_b sırasıyla $KMnO_4$ derişimi ve hacmini, W_{Mn} manganın atom ağırlığını, Y manganın örnekteki ağırlık yüzdesini ve W_s örneğin mg olarak ağırlığını simgelemektedir.

3.3.5. Çözünme Deneyi

Kaplamanın spinel $LiMn_2O_4$ bileşiğinin elektolit içinde çözünmesini azaltıcı etkisini bulmak için çözünme deneyi yapıldı [117].

Bunun için her biri yaklaşık 10 mg olan saf $LiMn_2O_4$ ve Cr_2O_3 veya LBO kaplanmış $LiMn_2O_4$, 10 mL 1 M $LiPF_6$ ın hacimce 1:1 olan etilen karbonat (EC)/dietil karbonat (DEC) karışımındaki çözeltisinde 3 gün bekletildikten sonra beyaz bant süzgeç kağıdından süzüldü. Bütün bu işlemler argon gaz kabininde gerçekleştirildi. Süzüntü argon gaz kabini dışına çıkarıldıktan sonra bir ayırma hunisinde üzerine 10 mL 0.1 M HCl ilave edilerek çalkalamak suretiyle çözünmüş Mn^{2+}'nın sulu fazına geçmesi sağlandı. Sudaki Mn^{2+} derişimi atomik absorpsiyon spektrometresi (AAS) ile ölçüldü.

3.3.6. İletkenlik ölçümü

Katkılamanın iletkenliğe olan etkisini incelemek için dört uçlu iletkenlik ölçüm cihazı kullanılarak bileşiklerin iletkenlikleri oda sıcaklığında ölçüldü. Toz halindeki bileşikler yaklaşık 9 ton basınç altında 13 mm çapında disk haline getirilerek iletkenlikleri ölçüldü. Ölçümler, sabit akım veya sabit potansiyelde yapıldı.

3.3.7. Termal Analiz

Kaplama için kullanılan maddelerin kimyasal dönüşüm sıcaklığını bulmak için hava ortamında, 50-800 °C sıcaklık aralığında ve 20 °C/dakika sıcaklık artış hızında termal analiz (DTA-TGA) ölçümleri yapıldı. Ölçüm için Perkin-Elmer marka Diamond model cihazı kullanıldı.

3.4. Elektrokimyasal Çalışmalar

3.4.1. Elektrolitin Hazırlanması

Hazırlanan elektrolitin elektrokimyasal kararlılık penceresini bulmak için elektrolit kullanarak hazırlanmış olan bir pil 0.1 mA/cm^2 akım yoğunluğunda doldurulup boşaltıldı.

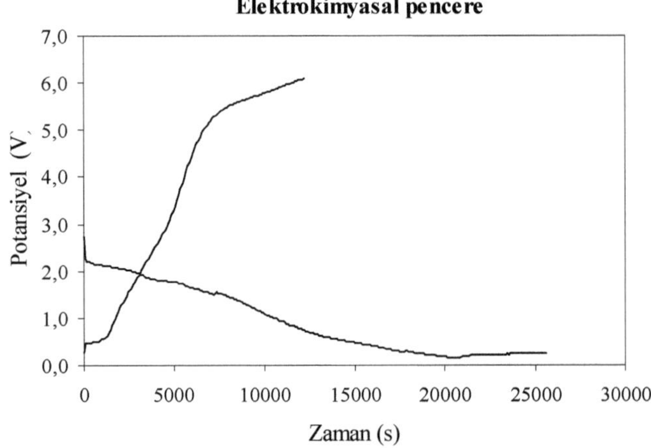

Şekil 3.1. 1 M $LiPF_6$ elektrolitinin elektrokimyasal kararlılık penceresi

Pilde anot olarak metalik lityum, katot olarak elektro aktif madde dışında diğer bileşenleri içeren karışımdan (13 mm çapında çelik örgü + asetilen siyahı + polivinilidenflorür) hazırlanmış olan bir disk ve ayırıcı olarak da elektrolit emdirilmiş cam süzgeç kağıdı kullanıldı. Elde edilen elektrokimyasal pencere Şekil3.1'de görülmektedir.

Elektrolit çözeltisi olarak $LiPF_6$'ın etilen karbonat (EC) ve dietil karbonatın (DEC) hacimce 1:1 karışımdaki 1 M çözeltisi kullanıldı.

3.4.1.1. Etilen Karbonatın Saflaştırılması [120]

Etilen karbonat (EC) bir gece fosfor penta oksit (P_2O_5) üzerinde kurutulduktan sonra dinamik vakum altında fraksiyonlu destilasyona tabi tutulup hava ile temas ettirilmeden argon kabinine alındı. Destilat, eser düzeyde bulunan su miktarını minimuma indirmek için daha önceden kurutulan Linda 5A tipi moleküler elek üzerinde bir gece bekletildi.

3.4.1.2. Dietil Karbonatın Saflaştırılması [120]

Dietil karbonatın (DEC) 100 mL'si sırası ile 20 mL %10'luk Na_2CO_3, 20 mL doygun $CaCl_2$ ve son olarak 30 mL su ile yıkandı. Daha sonra 5 g susuz $CaCl_2$ ile 2 saat karıştırılıp süzüldükten sonra tekrar aynı miktar susuz $CaCl_2$ ile 1 saat karıştırılıp süzüldü. Son olarak fraksiyonlu destilasyona tabi tutularak hava ile temas ettirilmeden argon kabinine alındı. Su içeriğinin minimuma inmesi için daha önce kurutulan Linda 5A tipi moleküler elek üzerinde bekletildi.

3.4.2. Anot ve Katodun Hazırlanması

3.4.2.1. Anotun Hazırlanması

Anot olarak 10 mm çapındaki lityum çubuktan (Merck) kesilerek hazırlanmış olan 13 mm çapındaki lityum disk kullanıldı. Anot hazırlama işlemi argon kabininde gerçekleştirildi.

3.4.2.2. Katotun Hazırlanması

Ağırlıkça %86 elektroaktif madde ($LiMn_2O_4$ ve türev bileşikleri), %9 asetilen siyahı ve %5 polivinilidenflorür (PVDF) den oluşan 3-4 mg karışım agat havanda öğütüldükten sonra üzerine N-metil-2-pirrolidon (NMP) eklenerek süspansiyon haline getirildi. Burada asetilen siyahı elektronik iletken, PVDF bağlayıcı ve NMP ise çözücü olarak kullanıldı. Elde edilen süspansiyon 13 mm çapında alüminyum sarılı paslanmaz çelik ızgara üzerine sıvanarak çözücüyü (NMP) uzaklaştırmak için vakumlu etüvde bir gece 120 ^{o}C'de bekletildi ve 2 ton basınç altında preslendi. Hazırlanan disk, içinde bulunabilecek nem ve havayı uzaklaştırmak amacıyla Şekil3.2'de görülen Schlenk hattı kullanılarak gliserin banyosunda dinamik vakum altında 120 ^{o}C'de 4 saat bekletildikten sonra hava ile temas ettirmeden Şekil 3.3'de görülen argon kabinine (glove box) alındı. Pil yapımının bütün basamakları Şekil 3.4'de görülmektedir.

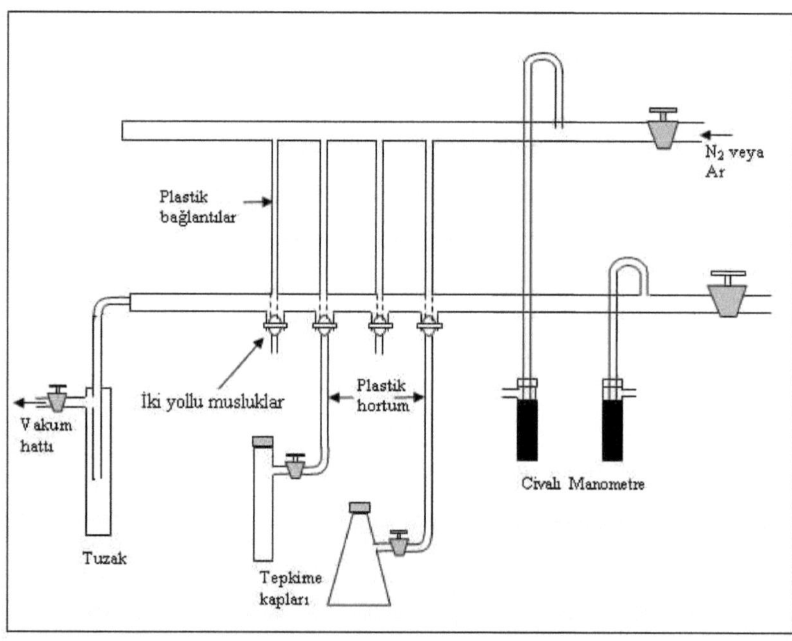

Şekil 3.2. Gaz manifold hattı (Schlenk Hattı)

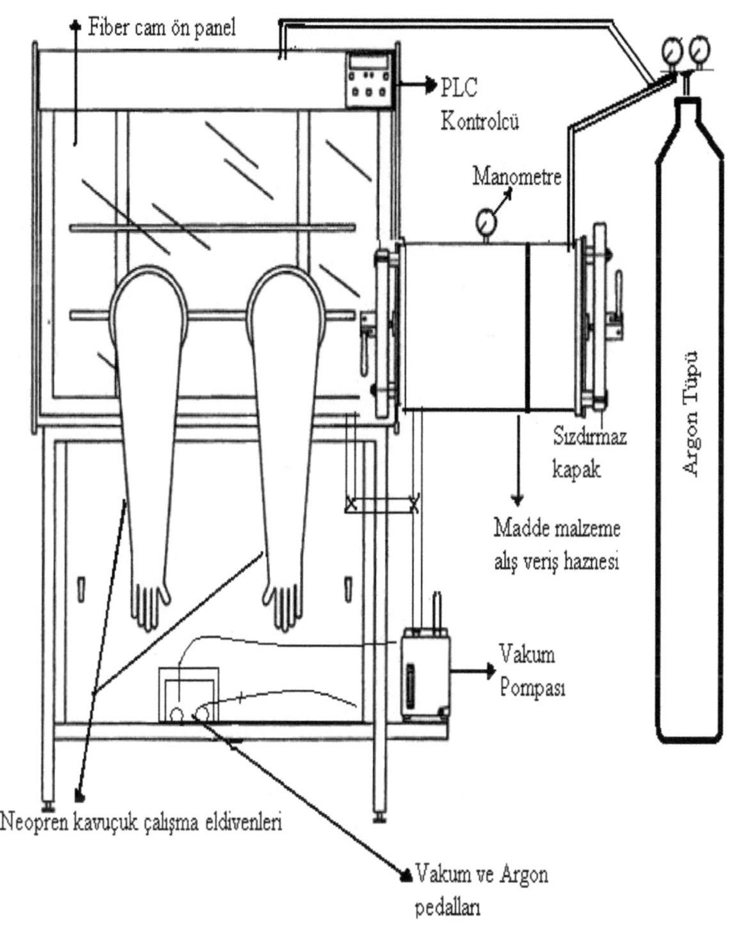

Şekil 3.3. Argon kabini (Glove box)

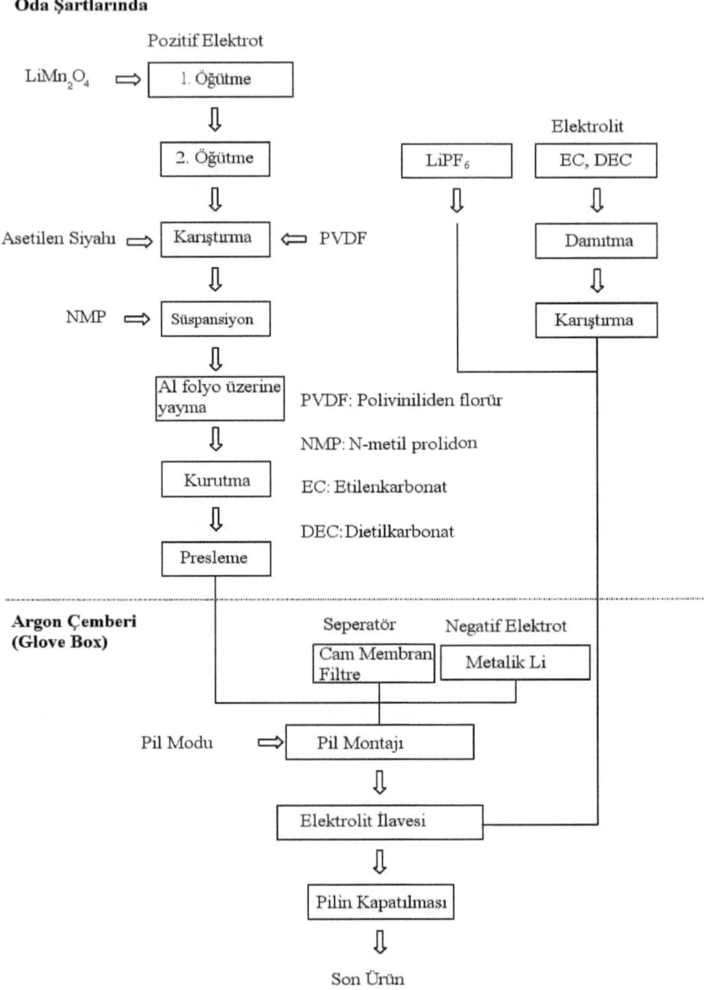

Şekil 3.4. Pil yapım basamakları

3.4.2.3. Asetilen Siyahının Saflaştırılması [120]

Asetilen siyahında (karbon siyahı) bulunan yağı uzaklaştırmak için üzerine ağırlıkça 1:1 oranında derişik HCl ilave edilerek 24 saat karıştırıldı. Karışım süzüldükten sonra kalan HCl'i uzaklaştırmak için bir kaç kez saf su ile yıkandı. Oda sıcaklığında havada kurutulduktan sonra bir gün süre ile benzen ve aseton ile karıştırıldı. Tekrar oda sıcaklığında kurutulan madde, adsorbe olan gazların uzaklaştırılması için vakumlu fırında 600 °C'da 24 saat ısıtıldı.

3.4.3. Kronopotansiyometrik Ölçümler

Pilin yapımı ve ölçüm işlemleri argon kabininde gerçekleştirildi. Kronopotansiyometrik ölçümler için Şekil 3.5'de görülen ve içinde akım taşıyıcı olarak 13 mm çapında paslanmaz çelikten yapılmış vidalı çubuk bulunan teflon gövdeli iki elektrotlu pil düzeneği kullanıldı.

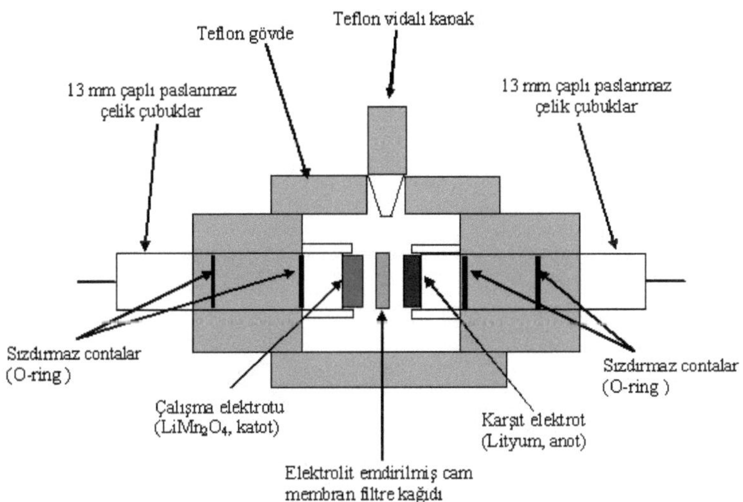

Şekil 3.5. Pil düzeneği

Anot ve katot arasına birbiriyle doğrudan temasını engellemek için elektrolit emdirilmiş 13 mm çapında gözenek çapı 125 μm olan Glasfaser Rnfilter No:6 marka cam süzgeç kağıdı yerleştirildi. Anot, katot ve elektrolitin yerleştirilmesinden sonra pilin dengeye ulaşması için 24 saat bekletildi. Dengeye gelmiş olan pil, Wenking Marka MLab 100 model çok kanallı galvanostat/potansiyostat cihazı ile Li^+/Li elektroda karşı 3.4 - 4.5V potansiyel aralığında, 1 C (= 148 mA g^{-1}) akım yoğunluğunda doldurulup-boşaltıldı. Pilin kapasitesinin dolma-boşalma çevrim sayısı ile değişimini bulmak için bu işlem 30 kez tekrarlandı. Elde edilen verilerden kapasite/voltaj grafiği ve şarj/deşarj döngü sayısına karşı kapasite grafikleri çizildi. Bu grafiklerden yararlanarak elektrokimyasal tepkime mekanizması, faz değişimi, kapasite kaybı ve bu kaybın türü (tersinir veya tersinmez) incelendi.

4. BÖLÜM

BULGULAR VE TARTIŞMA

4.1. Metal Katkılı Spinel $LiM_xMn_{2-x}O_4$ Bileşikleri

Bu çalışmada sentezlenen $LiM_xMn_{2-x}O_4$ (M = Al, Ni, Co, Mg, Cu, Zn ve Sr, x = 0.0, 0.05 ve 0.10) bileşiklerinin kimyasal bileşimi ve manganın ortalama yükseltgenme basamağı Tablo 4.1'de verilmiştir.

Tablo 4.1'de görüldüğü gibi bileşiklerin deneysel (ölçülen) bileşimi, lityum dışında, teorik (hedeflenen) bileşime yakın bulunmuştur. Lityum değerindeki sapma, sentez sırasında kullanılan yüksek sıcaklıkta lityumun bir kısmının buharlaşmasından kaynaklanmaktadır. Manganın deneysel yükseltgenme basamağı değerleri ile teorik yükseltgenme basamağı değerlerinin uyumlu olduğu görülmektedir. Deneysel yükseltgenme basamağı indirgenme-yükseltgenme titrasyonu ile ölçüldü, teorik yükseltgenme basamağı ise deneysel bileşimden hesaplandı.

$LiM_xMn_{2-x}O_4$ (M = Al, Ni, Co, Mg, Cu, Zn ve Sr, x = 0.0, 0.05 ve 0.10) bileşiklerinin XRD toz desenleri Şekil 4.1 ve 4.2'de verilmiştir. XRD toz desenlerine göre ürünlerin safsızlık içermedikleri ve uzay grubu Fd3m olan kübik spinel yapıya sahip olduğu bulunmuştur. $LiMn_2O_4$ bileşiğinin kristal yapısında Li atomları dörtyüzlü 8a konumunda, Mn atomları 16d konumunda ve O atomları ise 32e konumunda bulunmaktadır [71]. $LiM_xMn_{2-x}O_4$ bileşiklerinde safsızlığın bulunmaması, manganın Al, Ni, Co, Mg, Cu, Zn ve Sr ile yer değiştirdiğini ve başka bir fazın oluşmadığını göstermektedir. Mangan atomlarının yerine geçen metal atomlarının, $LiMn_2O_4$ bileşiğinin kristal yapısını değiştirmediği anlaşılmaktadır.

Tablo 4.1. $LiM_xMn_{2-x}O_4$ (Al, Ni, Co, Mg, Cu, Zn ve Sr, x = 0.0, 0.05 ve 0.10) bileşiklerinin teorik ve deneysel bileşimi, birim hücre boyutu ve manganın ortalama yükseltgenme basamağı

Teorik (hedeflenen) bileşim	Deneysel (ölçülen) bileşim	Manganın teorik yükseltgenme basamağı*	Manganın deneysel yükseltgenme basamağı**	Birim hücre boyutu (Å)	Birim hücre hacmi ($Å^3$)
$Li_{1.05}Mn_2O_4$	$Li_{\mathbf{0.99}}Mn_{1.99}O_4$	3.52	3.53	8.232	557.8
$Li_{1.05}Mn_{1.95}Ni_{0.05}O_4$	$Li_{\mathbf{0.99}}Mn_{1.94}Ni_{0.05}O_4$	3.56	3.55	8.221	555.6
$Li_{1.05}Mn_{1.95}Co_{0.05}O_4$	$Li_{\mathbf{1.00}}Mn_{1.94}Co_{0.05}O_4$	3.53	3.55	8.217	554.8
$Li_{1.05}Mn_{1.95}Al_{0.05}O_4$	$Li_{\mathbf{0.98}}Mn_{1.94}Al_{0.05}O_4$	3.54	3.54	8.217	554.8
$Li_{1.05}Mn_{1.95}Mg_{0.05}O_4$	$Li_{\mathbf{0.99}}Mn_{1.94}Mg_{0.04}O_4$	3.57	3.58	8.227	556.8
$Li_{1.05}Mn_{1.95}Cu_{0.05}O_4$	$Li_{\mathbf{0.98}}Mn_{1.94}Cu_{0.05}O_4$	3.57	3.58	8.227	556.8
$Li_{1.05}Mn_{1.95}Zn_{0.05}O_4$	$Li_{\mathbf{1.00}}Mn_{1.94}Zn_{0.04}O_4$	3.57	3.61	8.220	555.4
$Li_{1.00}Mn_{1.95}Sr_{0.05}O_4$	$LiMn_{1.95}Sr_{0.05}O_4$	3.54	3.54	8.222	555.8
$Li_{1.05}Mn_{1.90}Ni_{0.1}O_4$	$Li_{\mathbf{1.00}}Mn_{1.90}Ni_{0.09}O_4$	3.59	3.60	8.212	553.8
$Li_{1.05}Mn_{1.90}Co_{0.1}O_4$	$Li_{\mathbf{0.99}}Mn_{1.90}Co_{0.09}O_4$	3.55	3.58	8.211	553.6
$Li_{1.05}Mn_{1.90}Al_{0.1}O_4$	$Li_{\mathbf{0.99}}Mn_{1.90}Al_{0.09}O_4$	3.55	3.56	8.211	553.6
$Li_{1.05}Mn_{1.90}Mg_{0.1}O_4$	$Li_{\mathbf{0.99}}Mn_{1.91}Mg_{0.09}O_4$	3.58	3.56	8.217	554.8
$Li_{1.05}Mn_{1.90}Cu_{0.1}O_4$	$Li_{\mathbf{0.99}}Mn_{1.90}Cu_{0.10}O_4$	3.58	3.60	8.224	556.2

(*deneysel bileşimden hesaplandı ** indirgenme yükseltgenme titrasyonu ile ölçüldü)

DiffracPlus ve Win-Metric programları kullanılarak XRD toz desenlerinden hesaplanan kübik birim hücre boyutu değerleri Tablo 4.1'de ve iyon yarıçapı, koordinasyon sayısı, metal oksitlerin oluşum serbest entalpisi değerleri ise Tablo 4.2'de verilmiştir.

$LiMn_2O_4$ anaç bileşiğinin birim hücre parametresi, literatür değeri ile uyumludur [121]. $LiM_xMn_{2-x}O_4$ (M = Al, Ni, Co, Mg, Cu, Zn ve Sr, x = 0.0, 0.05 ve 0.10) türev bileşiklerin birim hücre boyutunun anaç (katkılanmamış) bileşiğin birim hücre boyutundan daha küçük olduğu görülmektedir. Bu durum Tablo 4.2'de verilen iyon yarıçapı ve M-O (M: metal) bağ enerjisi değerleri ile açıklanabilir. $LiMn_2O_4$ bileşiğindeki mangan atomları ile iyon yarıçapı daha küçük ve M-O bağ enerjisi daha büyük olan atomlar yer değiştiğinde birim hücre boyutunun küçüldüğü bilinmektedir [89].

Sr^{2+} iyonu dışında Mn^{3+} iyonu ile yer değiştiren iyonlar (M^{n+}) ve Mn^{4+} iyonunun yarıçapları ortalaması, $[Mn^{4+}+M^{n+}]/2$, Mn^{3+} iyonunkinden daha küçüktür ve katkılama ile bileşiğin ortalama metal iyonu çapı küçülmektedir. Diğer yandan Co-O, Ni-O, Mg-O, Sr-O ve Al-O bağ enerjisi, Mn-O bağ enerjisinden daha büyüktür. Co, Ni, Mg ve Al katkılamada her iki faktör birim hücre boyutunun küçülmesi yönünde etki etmektedir. Burada Tablo 4.2'deki oluşum serbest entalpisi değerlerinden Al_2O_3, MgO ve SrO bileşiklerinin Mn_2O_3'den daha kararlı ve bunun sonucu sekizyüzlü konumdaki Al-O, Mg-O ve Sr-O bağ enerjisinin Mn-O bağ enerjisinden daha büyük olduğu kabul edilmektedir [122-127].

Tablo 4.2. Bazı iyonların koordinasyon sayısı, iyon yarıçapı, bağ enerjisi ve oksitlerin serbest oluşum entalpisi değerleri ([a] Born-Haber döngüsünden hesaplanmıştır)

İyon	Koordinasyon sayısı	İyon Yarıçapı (Å)	İyon yarıçapları ortalaması $[Mn^{4+}+M^{n+}]/2$ (Å)	Metal oksit	Metal atomu başına oluşum serbest entalpisi $-\Delta G(kJ.mol^{-1})$ [128]	[a]Metal-oksijen bağ enerjisi $(kJ.mol^{-1})$ [122]
Li^{+}	4	0.59		Li_2O	281.1	
Mn^{3+}	6	0.65		Mn_2O_3	441.0	946
Mn^{4+}	6	0.53				
Al^{3+}	6	0.54	0.54	Al_2O_3	786.5	
Mg^{2+}	6	0.72	0.63	MgO	568.9	
Sr^{2+}	6	1.18	-	SrO	561.4	
Zn^{2+}	6	0.74	0.64			
Co^{3+}	6	0.55	0.54			1067
Ni^{2+}	6	0.69	0.61			1029
Cu^{2+}	6	0.73	0.63			
Cr^{3+}	6	0.61	0.57			1142
Ca^{2+}	6	1.00		CaO	603.5	
Si^{4+}	4	0.26				
Fe^{3+}	6	0.55				

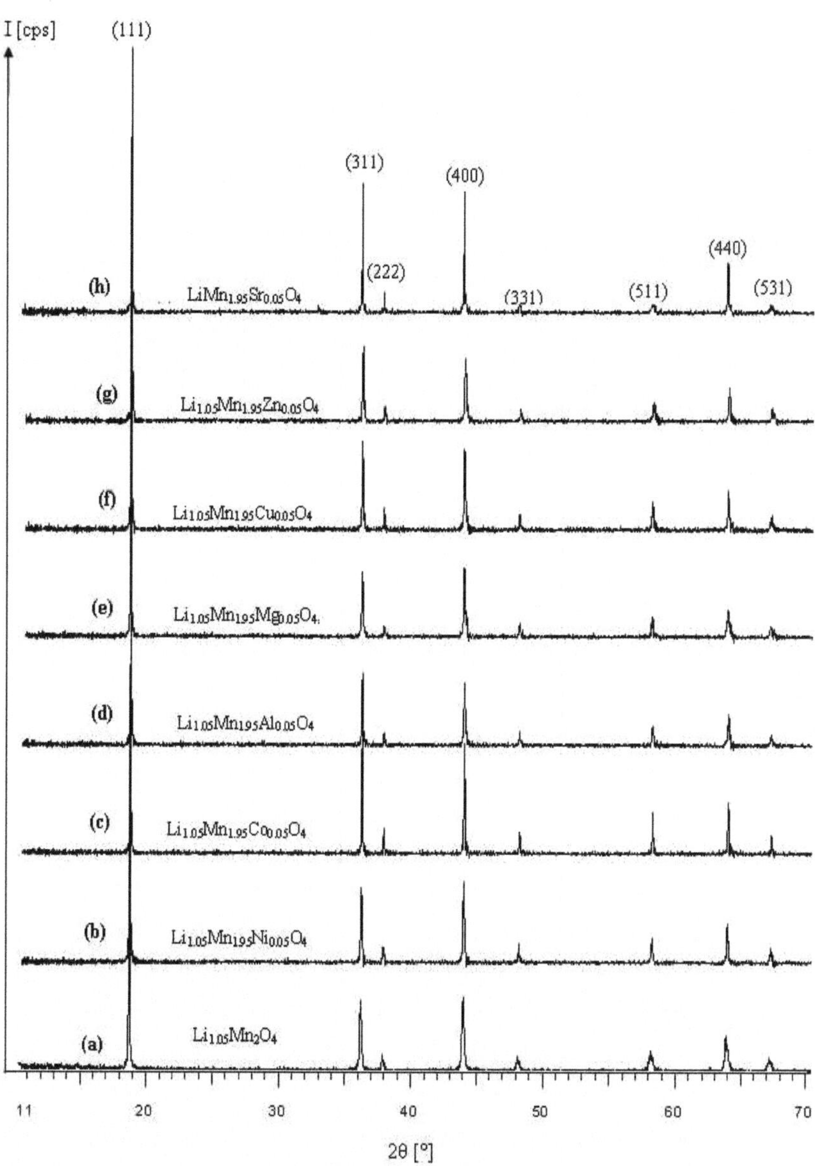

Şekil 4.1. $LiMn_2O_4$ ve $LiM_xMn_{2-x}O_4$ (M = Ni, Co, Al, Mg, Cu, Zn ve Sr, x = 0.05) bileşiklerinin XRD toz desenleri

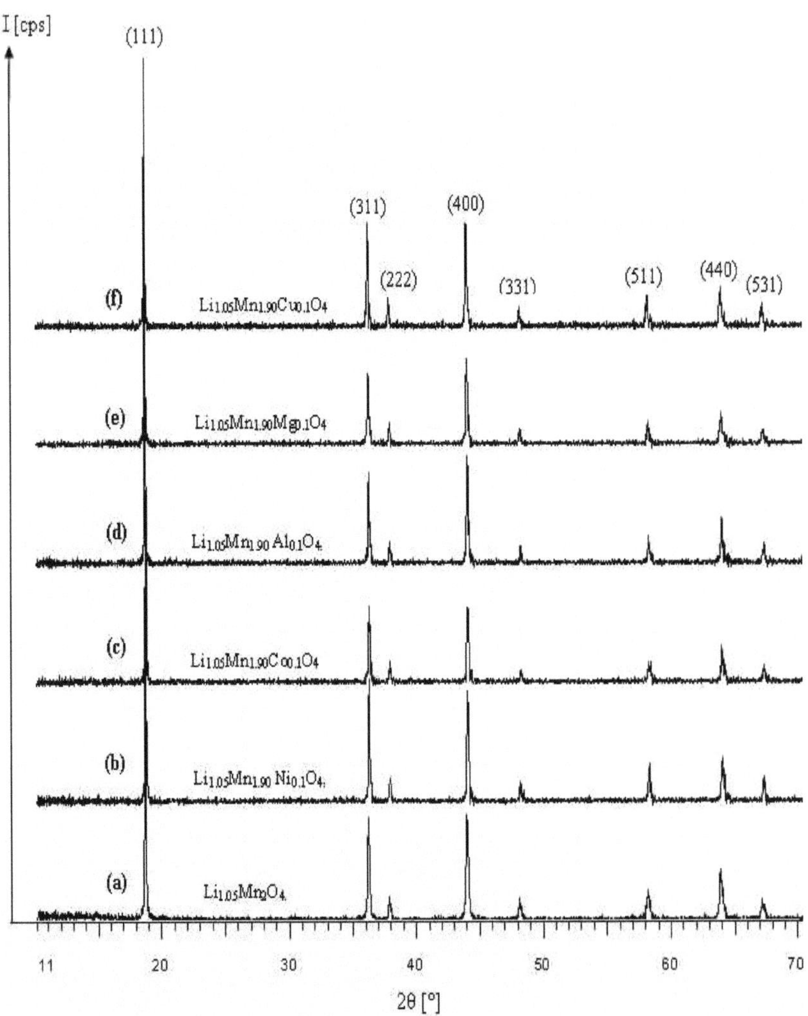

Şekil 4.2. $LiMn_2O_4$ ve $LiM_xMn_{2-x}O_4$ (M = Al, Ni, Co, Mg, Cu ve Zn, x = 0.10) bileşiklerinin XRD toz desenleri

Tablo 4.3. $LiM_xMn_{2-x}O_4$ (M = Al, Ni, Co, Mg, Cu, Zn ve Sr, x = 0.0, 0.05 ve 0.10) bileşiklerinin DC iletkenlik değerleri, kristal boyutu, tanecik boyutu, başlangıç deşarj kapasitesi ve kapasite kayıp oranları

Bileşim	DC iletkenlik değerleri (S cm^{-1})	Kristal boyutu (nm)	Tanecik boyutu (nm)	Başlangıç deşarj kapasitesi (mAh g^{-1})	30. döngüde deşarj kapasitesi (mAh g^{-1})	30 döngüde % kapasite kaybı
$Li_{0.98}Mn_{1.99}O_4$	$8.75x10^{-6}$	74	203	109.4	86.4	21.0
$Li_{0.99}Mn_{1.94}Ni_{0.05}O_4$	$9.05x10^{-5}$	85	237	94.3	90.6	3.9
$Li_{1.00}Mn_{1.94}Co_{0.05}O_4$	$4.08x10^{-4}$	112	235	106.3	99.5	6.4
$Li_{0.98}Mn_{1.94}Al_{0.05}O_4$	$1.30x10^{-5}$	86	213	103.8	99.3	4.3
$Li_{0.99}Mn_{1.94}Mg_{0.04}O_4$	$1.10x10^{-4}$	76	250	102.4	91.8	10.3
$Li_{0.98}Mn_{1.94}Cu_{0.05}O_4$	$4.98x10^{-5}$	85	263	94.3	88.6	6.0
$Li_{1.00}Mn_{1.94}Zn_{0.04}O_4$	$1.82x10^{-4}$	83	210	83.6	80.3	3.9
$Li_{1.00}Mn_{1.95}Sr_{0.05}O_4$	$1.72x10^{-4}$	85	215	106.0	103.1	2.7
$Li_{1.00}Mn_{1.90}Ni_{0.09}O_4$	$2.22x10^{-5}$	89	222	83.5	74.6	10.6
$Li_{0.99}Mn_{1.90}Co_{0.09}O_4$	$1.53x10^{-4}$	63	179	87.9	83.3	5.2
$Li_{0.99}Mn_{1.90}Al_{0.09}O_4$	$1.07x10^{-4}$	77	215	86.7	84.3	2.8
$Li_{0.99}Mn_{1.91}Mg_{0.09}O_4$	$5.01x10^{-5}$	62	214	79.5	72.6	8.7
$Li_{0.99}Mn_{1.90}Cu_{0.10}O_4$	$1.33x10^{-4}$	76	217	94.0	87.2	7.8

$LiM_xMn_{2-x}O_4$ (M = Al, Ni, Co, Mg, Cu, Zn ve Sr, x = 0.0, 0.05 ve 0.10) bileşiklerinin kristal boyutu ve DC iletkenlik değerleri Tablo 4.3'de verilmiştir. Tablo 4.3'de kristal boyutu değerlerinin birbirine yakın olduğu görülmektedir. Kristal boyutu değerlerinin birbirine yakın olması, katkılamanın kristal boyutunu değiştirmediğini göstermektedir. Kristal boyutu, Scherer formülü kullanılarak hesaplandı.

$$D = \frac{0,9\lambda}{\beta \cos\theta}$$

Burada λ x-ışınının dalga boyu (Å), β yarı pik şiddeti genişliği ve θ ise pikin oluştuğu kırınım açısıdır. Yarı pik şiddeti genişliği değeri, β, XRD deseninden Topas programı yardımı ile hesaplandı. Katkılı bileşiklerin, $LiM_xMn_{2-x}O_4$, DC iletkenlik değerlerinin anaç bileşiğin, $LiMn_2O_4$, iletkenlik değerinden daha büyük olduğu Tablo 4.3'de görülmektedir. Katkılı bileşiklerin iletkenliğinin anaç bileşiğin iletkenliğinden daha büyük olmasının nedeni, katkılı bileşiğin birim hücre boyutunun daha küçük olmasıdır. Bilindiği gibi $LiMn_2O_4$ spinel bileşiğinin birim hücre boyutu küçüldüğünde elektronik iletkenliği artmaktadır [69].

$LiM_xMn_{2-x}O_4$ (M = Al, Ni, Co, Mg, Cu, Zn ve Sr, x = 0.0, 0.05 ve 0.10) bileşiklerinin SEM görüntüleri Şekil 4.3 (a) ve (b) de verilmiştir. Katkılı bileşiklerin SEM görüntüleri ile anaç bileşiğin SEM görüntüleri arasında önemli bir farkın olmadığı anlaşılmaktadır. SEM görüntüleri kullanılarak Image-Pro Plus 5.0 programı yardımı ile hesaplanan tanecik boyutu değerlerinin (Tablo 4.3) birbirine yakın olduğu görülmektedir. Tanecik boyutu değerlerinin birbirine yakın olması, katkılamanın tanecik boyutunu değiştirmediğini göstermektedir.

Şekil 4.3.a. $LiMn_2O_4$ ve $LiNi_{0.05}Mn_{2-x}O_4$ bileşiklerinin SEM görüntüleri

Şekil 4.3.(a) $LiMn_2O_4$ ve $LiM_xMn_{2-x}O_4$ (M = Co, Al, Mg, Cu, Zn ve Sr, x = 0.05) bileşiklerinin SEM görüntüleri

Şekil 4.3.(b) $LiMn_2O_4$ ve $LiM_xMn_{2-x}O_4$ (M = Ni, Co, Al, Mg, Cu, x = 0.1) bileşiklerinin SEM görüntüleri

Li | 1 M $LiPF_6$ (EC-DEC) | $LiMn_{2-x}M_xO_4$ (M = Al, Ni, Co, Mg, Cu, Zn ve Sr, x = 0.0, 0.05 ve 0.10) pilinin 148 mA g^{-1} (= 1 C) akım yoğunluğu ve 3.5 - 4.5 V potansiyel aralığında dolma ve boşalma eğrileri Şekil 4.4'de verilmiştir. Şekil 4.4'de $Mn^{3/4+}$ redoks çiftine ait yaklaşık 4.0 V ve 4.1 V değerlerinde iki voltaj platosu olduğu ve iki platolu yapının tüm bileşikler için 30 döngü boyunca korunduğu görülmektedir. İki voltaj platosu, lityum ile $LiMn_2O_4$ arasında gerçekleşen içerme tepkimesinin iki basamaklı olduğunu göstermektedir [129]. 4.0 V civarındaki ilk plato tek fazlı $LiMn_2O_4 \rightarrow Li_{0.5}Mn_2O_4 + 0.5$ Li tepkimesine ait, 4.1 V civarındaki ikinci plato ise iki fazlı $Li_{0.5}Mn_2O_4 \rightarrow Mn_2O_4 + 0.5$ Li tepkimesine aittir. Şekil 4.4'de görüldüğü gibi metal katkılı bileşiklerin birinci şarj ve deşarj kapasitelerinin anaç bileşiğin şarj-deşarj kapasitesinden daha düşük olduğu bulunmuştur. Bu durum, Mn^{3+} derişimi ile açıklanabilir. Spinel yapıdan lityum iyonu ayrılırken yük dengesi, sadece $Mn^{3+} \rightarrow Mn^{4+} + e^-$ dönüşümü ile sağlandığı için kapasite Mn^{3+} derişimine bağlıdır [111,129]. Katkılama sırasında metal iyonları ile Mn^{3+} iyonunun yer değiştirmesi nedeniyle Mn^{3+} derişimi azalmaktadır. Bu yüzden metal katkılı $LiMn_{2-x}M_xO_4$ (M = Al, Ni, Co, Mg, Cu, Zn ve Sr, x = 0.0, 0.05 ve 0.10) bileşiklerinin başlangıç kapasitesi 16d konumundaki Mn^{3+} miktarı ile sınırlıdır [122-127].

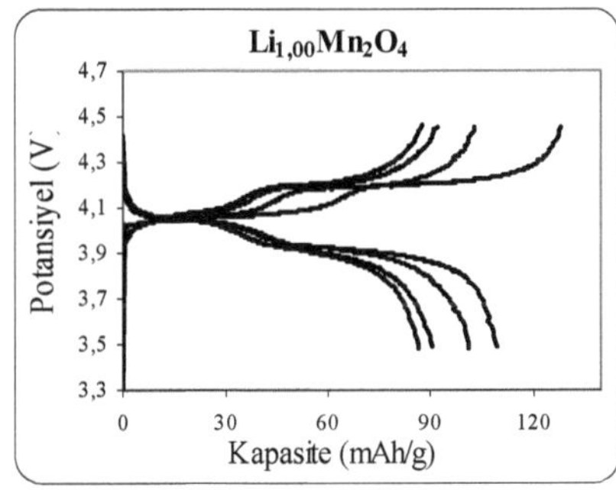

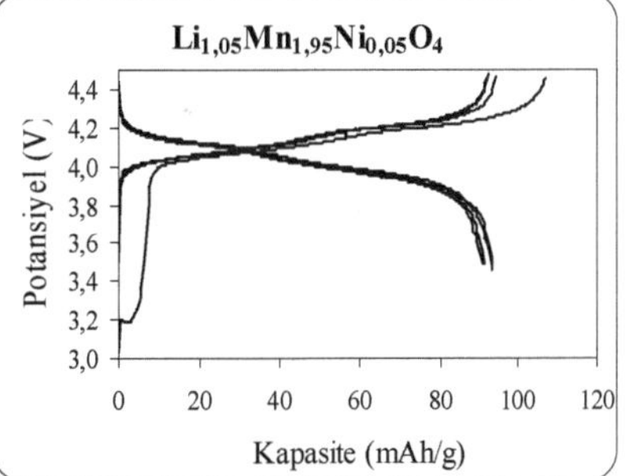

Şekil 4.4. Li | 1M $LiPF_6$(EC-DEC) | $LiMn_{2-x}M_xO_4$ (M=Al, Ni, Co, Mg, Cu, Zn ve Sr, x=0.0, 0.05 ve 0.10) pilinin 148 mA.g^{-1} (=1C) akım yoğunluğu ve 3.5-4.5 V potansiyel aralığında dolma ve boşalma eğrileri

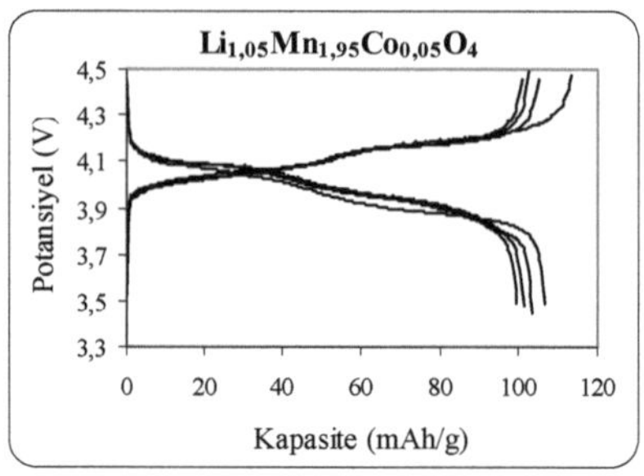

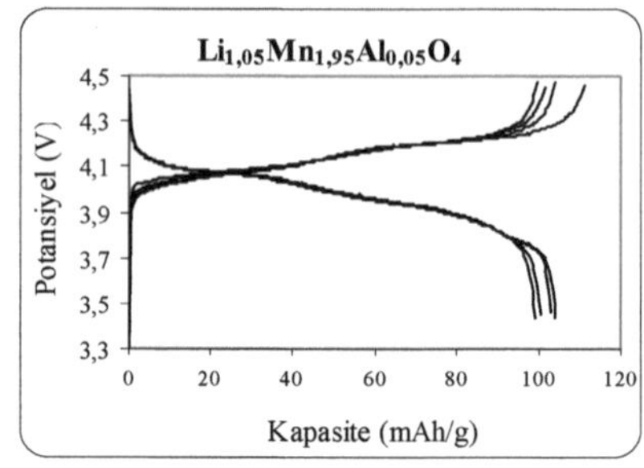

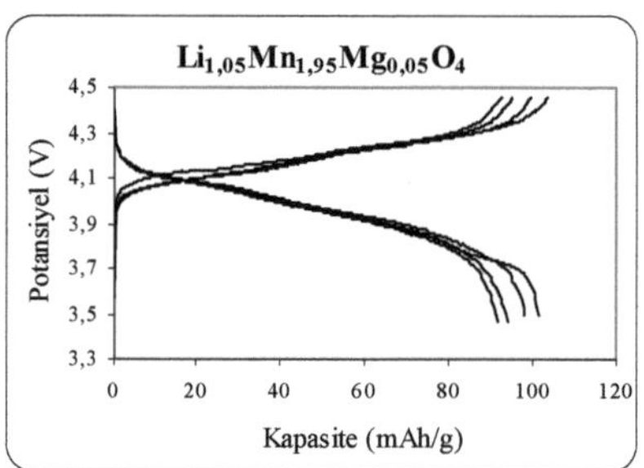

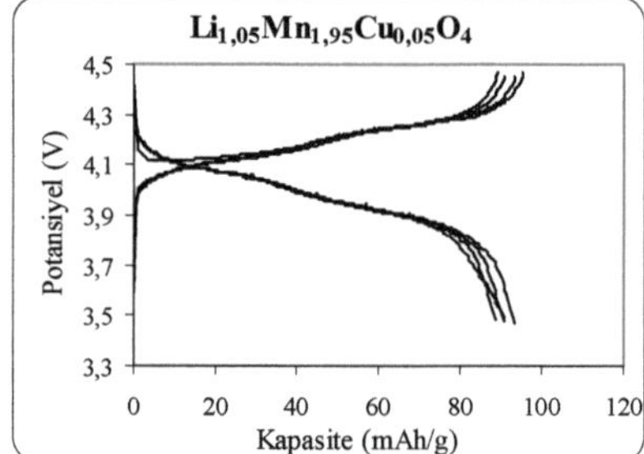

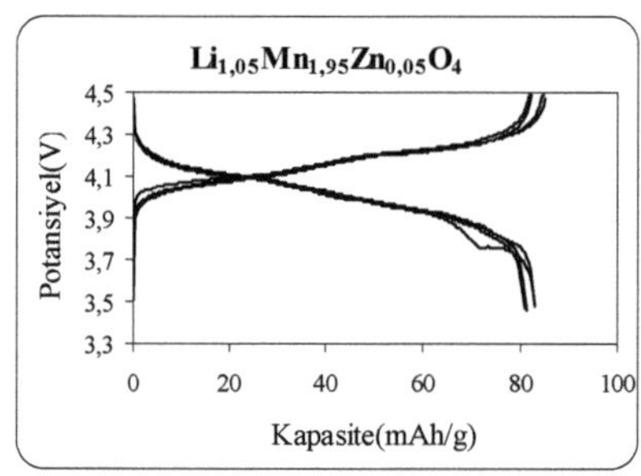

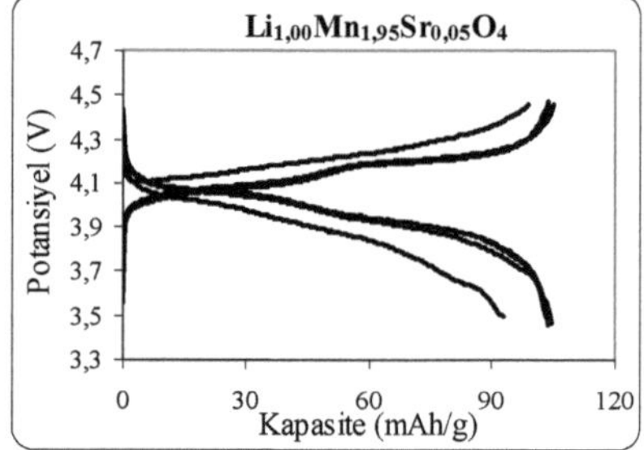

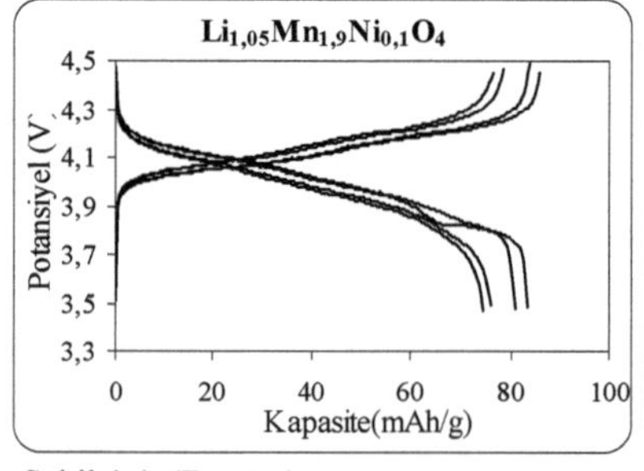

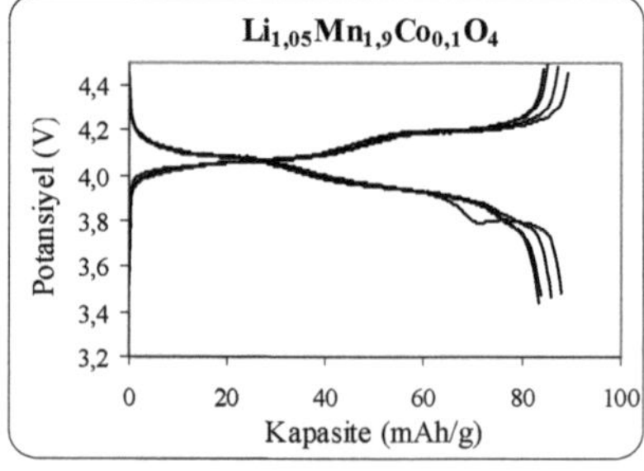

Şekil 4.4. (Devam)

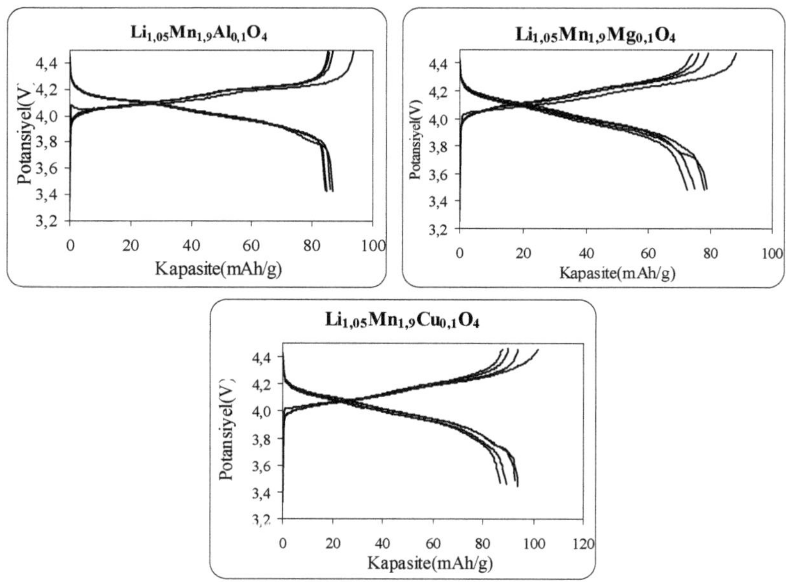

Şekil 4.4. (Devam)

$LiMn_{2-x}M_xO_4$ (M = Al, Ni, Co, Mg, Cu, Zn ve Sr, x = 0.0, 0.05 ve 0.10) bileşiklerin deşarj kapasitesinin döngü sayısı ile değişimi Şekil 4.5.a ve Şekil 4.5.b'de verilmiştir. Tablo 4.3'de ise başlangıç kapasitesi, 30 döngü sonundaki deşarj kapasitesi ve 30. döngüdeki kapasite kaybı değerleri verilmiştir. Şekil 4.5 ve Tablo 4.3'de görüldüğü gibi, $LiMn_2O_4$ anaç bileşiğin başlangıç kapasitesi 109.4 $mAh.g^{-1}$ iken 30 döngü sonunda %21 kayıpla 86.4 $mAh.g^{-1}$ değerine düşmüştür.

Diğer yandan metal katkılı $LiMn_{2-x}M_xO_4$ (M=Al, Ni, Co, Mg, Cu, Zn ve Sr, x = 0.0, 0.05 ve 0.10) bileşiklerin kapasite kaybının anaç bileşiğe kıyasla çok daha düşük olduğu görülmektedir. Bunlardan $Li_{0.99}Mn_{1.90}Al_{0.09}O_4$ ve $Li_{1.00}Mn_{1.95}Sr_{0.05}O_4$ bileşiklerinin kapasite kaybı en düşük düzeyde olup sırasıyla %2.7 ve %2.8'dir. Katkılanmış bileşiklerde kapasite kaybının daha düşük olması, Jahn-Teller etkisinin azalması ve kristal yapının daha kararlı hale gelmesi ile açıklanabilir. d^4 elektron dizilişine sahip Mn^{3+} iyonları sekizyüzlü kristal alanda Jahn-Teller bozulmasına neden olmaktadır. Katkılama sonucu $M^{2,3+}$ iyonları Mn^{3+} iyonları yerine geçerek Jahn-Teller etkisine neden olan Mn^{3+} miktarı azalmaktadır. Diğer yandan Al-O, Ni-O, Co-O, Mg-O ve Sr-O in sekizyüzlü konumdaki bağ enerjisi değerleri Mn-O bağ enerjisi değerinden daha büyüktür ve Al, Ni, Co, Mg ve Sr katkılama ile kristal yapı daha kararlı hale gelmiştir [122–127].

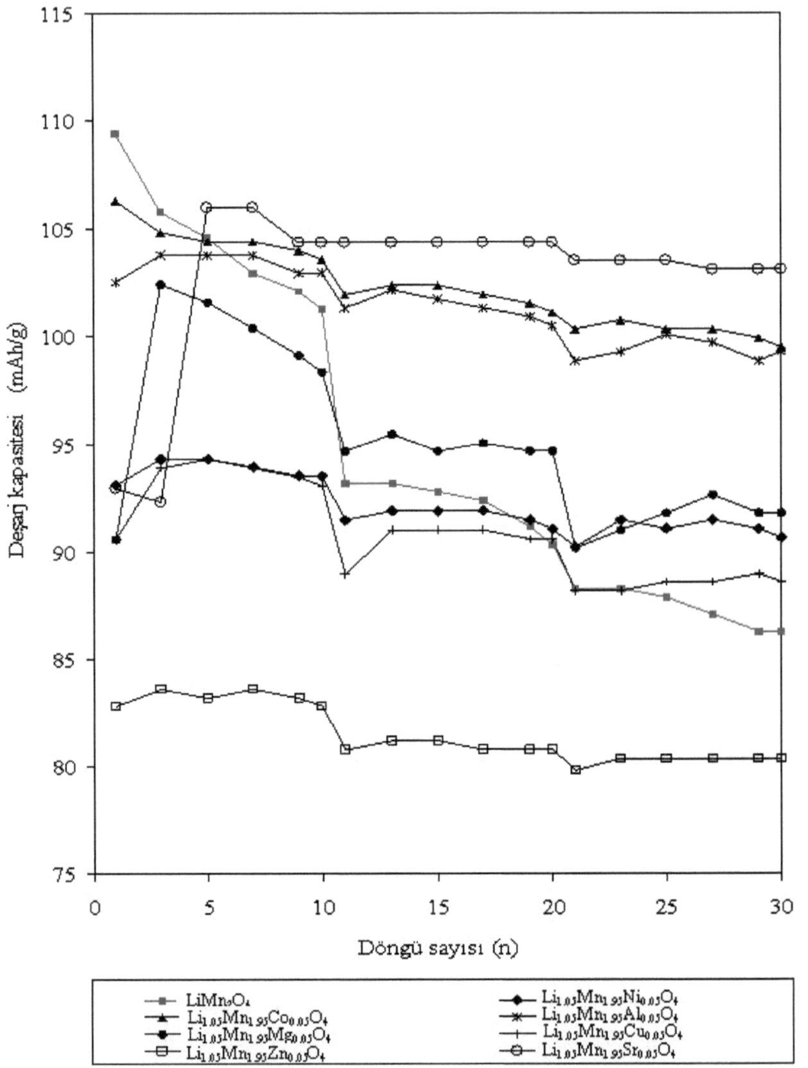

Şekil 4.5.(a) $LiMn_{2-x}M_xO_4$ (M=Al, Ni, Co, Mg, Cu, Zn ve Sr, x = 0.0 ve 0.05) bileşiklerin deşarj kapasitesinin döngü sayısı ile değişimi

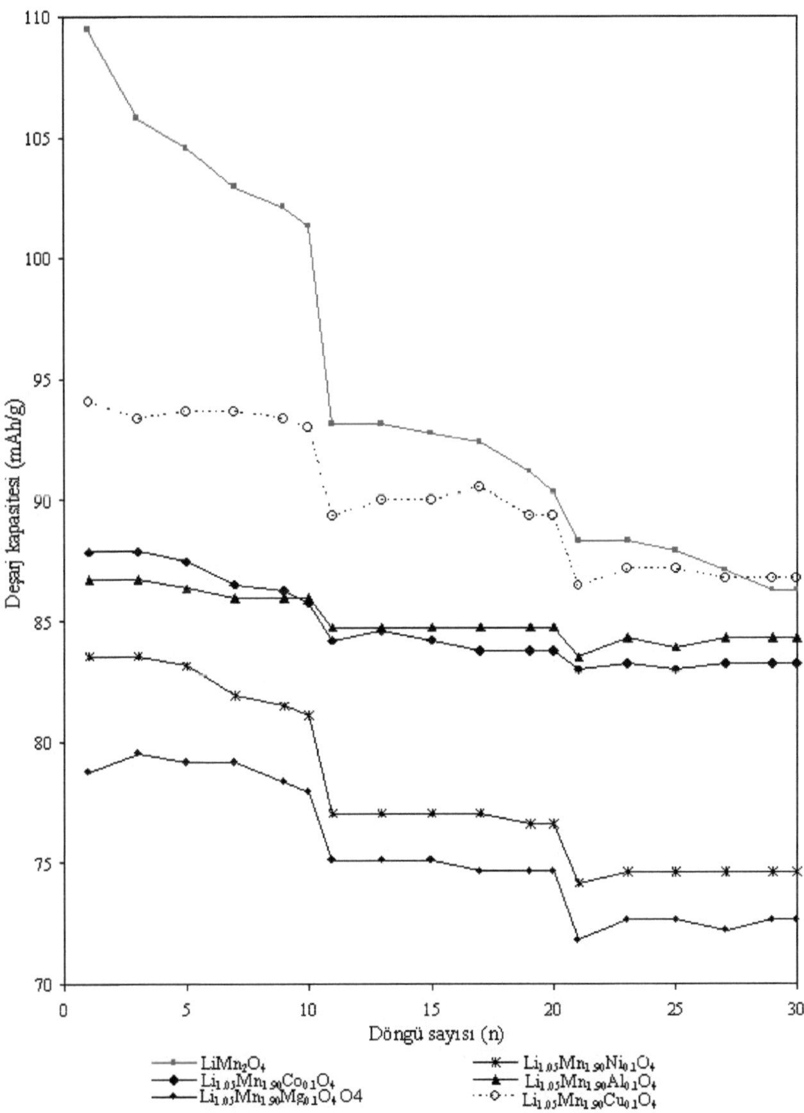

Şekil 4.5.(b) $LiMn_{2-x}M_xO_4$ (M=Al, Ni, Co, Mg, Cu x = 0.0 ve 0.05) bileşiklerin deşarj kapasitesinin döngü sayısı ile değişimi

4.2. Metal Oksit ve Metal Kaplanmış $LiMn_2O_4$

$LiPF_6$ in kullanıldığı elektrolitlerde kapasite kaybının nedeni, $LiPF_6$' ın az miktarda su ile hidrolizi sonucu oluşan HF asidin $LiMn_2O_4$ bileşiğini çözmesi ve yüksek potansiyelde elektrolitin bozunması olarak gösterilmektedir. Kapasite kaybını önlemek için kullanılan metotlardan biri $LiMn_2O_4$ tanecik yüzeylerinin elektrolit ile doğrudan temasını engelleyecek olan değişik metal ve metal oksitler ile kaplanmasıdır. Bu çalışmada daha önce sentezlenmiş olan $LiMn_2O_4$ bileşiği $Li_2O.2B_2O_3$, Cr_2O_3, $CaCO_3$, lityum boro silikat, Fe_2O_3, Cu ve Au-Pd ile kaplanarak kaplamanın şarj/deşarj kapasite kaybına olan etkisi incelenmiştir.

4.2.1. $Li_2O.2B_2O_3$ (LBO) Kaplanmış $LiMn_2O_4$

Elementel analiz sonuçlarına göre anaç bileşik $LiMn_2O_4$ ve LBO kaplanmış $LiMn_2O_4$ bileşiğinin elementel bileşiminin hedeflenen bileşime çok yakın olduğu bulunmuştur.

Anaç bileşik $LiMn_2O_4$ ve LBO kaplanmış $LiMn_2O_4$ in XRD toz desenleri Şekil 4.6'da verilmiştir. XRD toz desenine göre $LiMn_2O_4$ ın safsızlık içermediği ve uzay grubu Fd3m olan kübik spinel yapıya sahip olduğu bulunmuştur. Toz deseninden hesaplanan birim hücre parametresi a = 8.239 Å olup literatür değeri ile uyumludur [121]. LBO kaplanmış $LiMn_2O_4$ bileşiğinin XRD toz deseninin anaç bileşiğin toz desenine çok benzer olduğu görülmektedir. LBO kaplı $LiMn_2O_4$'ın XRD toz deseninde başka piklerin olmaması ve birim hücre boyutunun anaç $LiMn_2O_4$ bileşiğin birim hücre boyutu ile aynı olması amorf LBO camının $LiMn_2O_4$ taneciklerinin yüzeyine kaplandığını ve spinel yapıya girmediğini göstermektedir.

Anaç bileşik $LiMn_2O_4$ ve LBO kaplanmış $LiMn_2O_4$'in SEM görüntüleri Şekil 4.7'de verilmiştir. Kaplamasız $LiMn_2O_4$ bileşiğinin SEM görüntüsü (Şekil 4.7.a), LBO kaplanmış $LiMn_2O_4$ bileşiğinin SEM görüntüleri (Şekil 4.7.b ve Şekil 4.7.c) ile karşılaştırıldığında; kaplama ile $LiMn_2O_4$ taneciklerinin topaklaştığı görülmektedir. Ayrıca çözelti yöntemi ile kaplamanın katı hal yöntemine göre daha homojen olduğu görülmektedir. SEM görüntüsü ve LBO kaplanmış $LiMn_2O_4$ bileşiğinin XRD deseninde başka bir faza ait pikin olmaması, LBO cam tabakasının amorf olduğu sonucu çıkarılabilir [96,116,117].

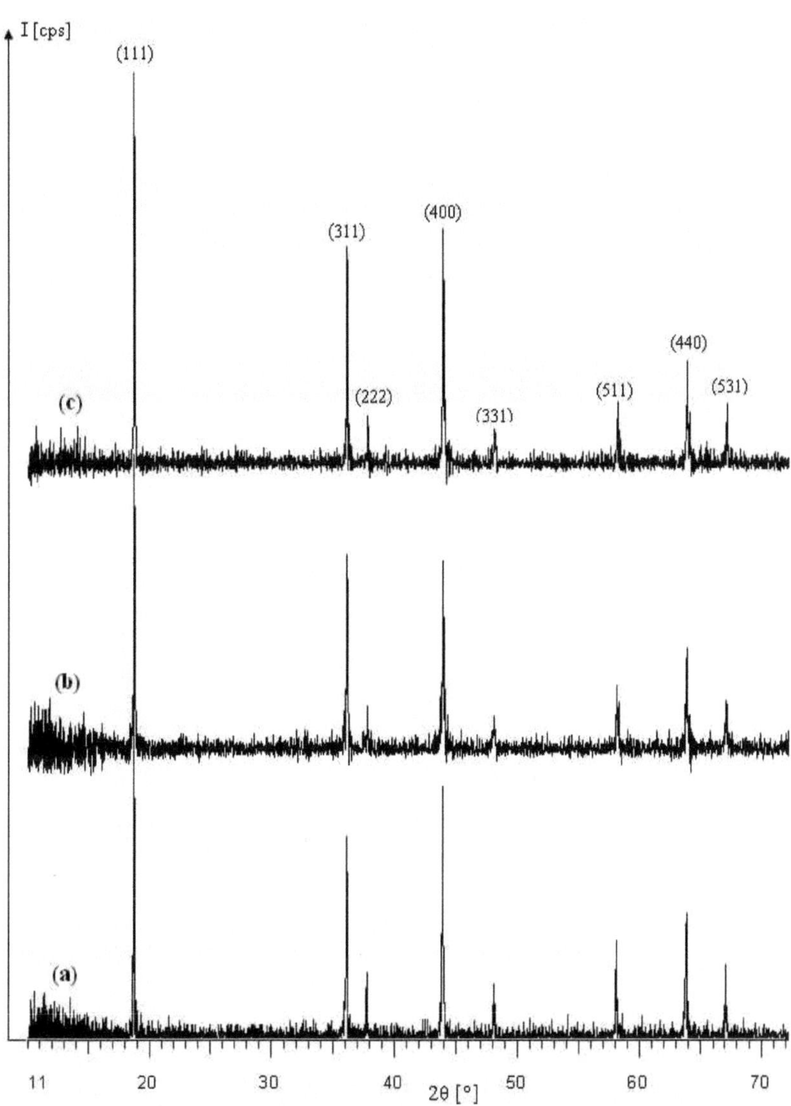

Şekil 4.6. (a) Anaç bileşik $LiMn_2O_4$, (b) Katı hal yöntemi ile LBO kaplanmış $LiMn_2O_4$ ve (c) Çözelti yöntemi ile LBO kaplanmış $LiMn_2O_4$ bileşiğinin XRD toz desenleri

Şekil 4.7. (a) Anaç bileşik $LiMn_2O_4$, (b) Katı hal yöntemi ile LBO kaplanmış $LiMn_2O_4$ ve (c) Çözelti yöntemi ile LBO kaplanmış $LiMn_2O_4$ bileşiğinin SEM görüntüleri

Li| 1M $LiPF_6$(EC-DEC)| $LiMn_2O_4$ ve LBO kaplanmış $LiMn_2O_4$ pilinin 148 mA g^{-1} (= 1 C) akım yoğunluğu ve 3.5-4.5 V potansiyel aralığında dolma ve boşalma eğrileri Şekil 4.8'de verilmiştir. Şekil 4.8'de $Mn^{3+/4+}$ redoks çiftine ait yaklaşık 4.0 V ve 4.1 V değerlerinde iki voltaj platosu olduğu ve iki platolu yapının tüm bileşikler için 30 döngü boyunca korunduğu görülmektedir.

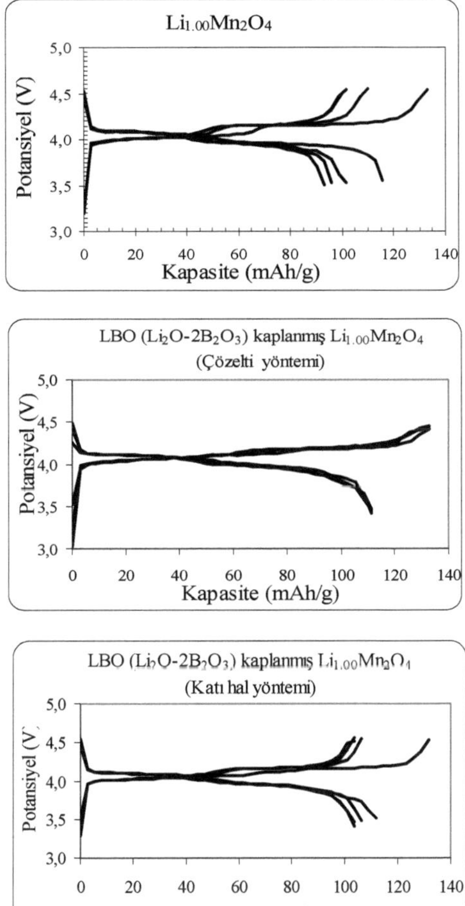

Şekil 4.8. Anaç bileşik $LiMn_2O_4$, katı hal yöntemi ile LBO kaplanmış $LiMn_2O_4$ ve çözelti yöntemi ile LBO kaplanmış $LiMn_2O_4$ bileşiğinin şarj/deşarj eğrileri. 148 mAh g^{-1} (= 1 C) akım yoğunluğu ve anot olarak lityum metali kullanıldı.

Anaç bileşik $LiMn_2O_4$ ve LBO kaplanmış $LiMn_2O_4$ bileşiklerinin deşarj kapasitesinin döngü sayısı ile değişimi Şekil 4.9'da verilmiştir. Tablo 4.4'de ise başlangıç ve 30 döngü sonundaki deşarj kapasitesi değerleri ile 30. döngüdeki kapasite kaybı değeri verilmiştir.

Şekil 4.9 ve Tablo 4.4'de görüldüğü gibi, 1 C akım yoğunluğunda ve 3.5-4.5 V voltaj aralığında $LiMn_2O_4$ anaç bileşiğin başlangıç kapasitesi 115.4 mAh g^{-1} iken 30 döngü sonunda %19.6 kayıpla 92.8 mAh g^{-1} değerine düşmüştür. Diğer yandan aynı şartlar altında, LBO kaplanmış $LiMn_2O_4$ bileşiğinin kapasite kaybının anaç bileşiğe kıyasla çok daha düşük olduğu bulunmuştur. LBO kaplanmış $LiMn_2O_4$ bileşiğinin başlangıç deşarj kapasitesi değerinin iki kaplama metodu için de aynı (112 mAh g^{-1}) olmasına rağmen kapasite kaybının oldukça farklı olduğu bulunmuştur.

Katı hal yöntemi ile LBO kaplanmış $LiMn_2O_4$ bileşiğinin kapasite kaybı Chan ve arkadaşları tarafından verilen sonuçlara [96] benzer olup 30 döngü sonunda %7.5 dır. Çözelti yöntemi ile LBO kaplanmış $LiMn_2O_4$ maddesinin 1 C akım yoğunluğunda ve 30 döngü sonunda nerdeyse kapasite kaybı yoktur. Bu sonuç, LBO ile $LiMn_2O_4$ tanecik yüzeylerinin kaplanmasında çözelti metodunun katı hal metodundan daha etkili olduğunu göstermektedir.

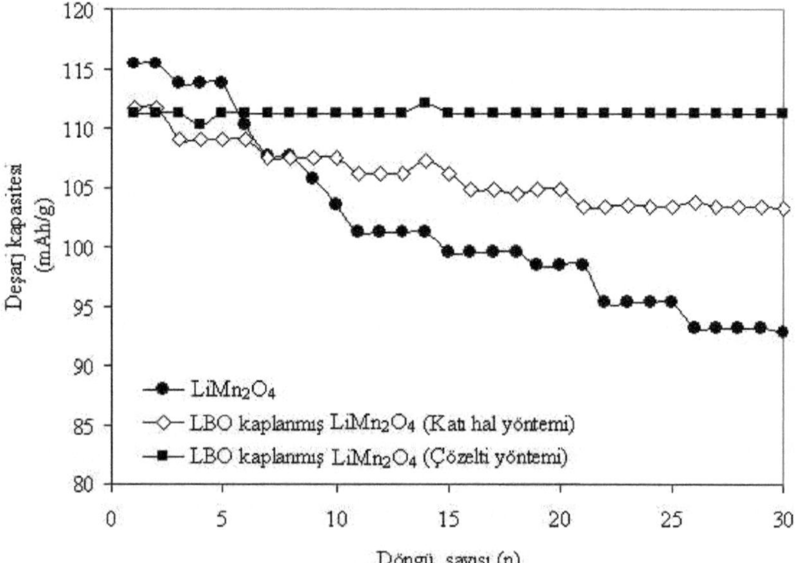

Şekil 4.9. Anaç bileşik $LiMn_2O_4$ ve LBO kaplanmış $LiMn_2O_4$ bileşiğinin deşarj kapasitesinin döngü sayısı ile değişimi

Tablo 4.4. Anaç bileşik $LiMn_2O_4$ ve LBO kaplanmış $LiMn_2O_4$ bileşiğinin deşarj kapasitesi ve kapasite kayıp oranları

Katot aktif madde	Başlangıç deşarj kapasitesi (mAh g^{-1})	30. döngüde deşarj kapasitesi (mAh g^{-1})	30 döngüde kapasite kaybı %
$LiMn_2O_4$	115.4	92.8	19.6
LBO-$LiMn_2O_4$ (katı hal yöntemi)	111.8	103.4	7.5
LBO-$LiMn_2O_4$ (çözelti yöntemi)	111.3	111.3	0.0

$LiMn_2O_4$ ve LBO kaplanmış $LiMn_2O_4$ bileşiklerinin çözünme deneyi sonuçları Tablo 4.5'de verilmiştir. Çözünmüş mangan miktarının çözelti metodu ile LBO kaplanmış $LiMn_2O_4$ bileşiği için en düşük, anaç bileşik için ise en yüksek olduğu görülmektedir. Bu sonuç, LBO kaplamanın $LiMn_2O_4$ bileşiğinin elektrolit içinde çözünürlüğünü önemli ölçüde düşürdüğünü ve çözelti yönteminin katı hal yönteminden daha etkili olduğunu göstermektedir.

Tablo 4.5. Anaç bileşik $LiMn_2O_4$ ve LBO kaplanmış $LiMn_2O_4$ bileşiği için 1 M $LiPF_6$ (hacimce 1:1 olan EC/DEC karışımındaki çözeltisi) elektrolit çözeltisi kullanılarak yapılan çözünme deneyi sonuçları.

	$LiMn_2O_4$	Çözelti yöntemi ile LBO kaplanmış $LiMn_2O_4$	Katı hal yöntemi ile LBO kaplanmış $LiMn_2O_4$
Elektrolitte çözünen Mn miktarı (ppm)	12.0	0.8	2.6

Bu çalışmada, çözelti yöntemi ile LBO kaplanmış $LiMn_2O_4$ bileşiğinin 1 C akım yoğunluğunda yapılan 30 döngü sonunda nerdeyse hiç kapasite kaybı bulunmamıştır. Chan ve arkadaşları [117], elektrot hazırlama ve şarj/deşarj işlemlerinde aynı yöntem ve şartları kullanmalarına rağmen LBO kaplanmış $LiMn_2O_4$ bileşiği için 25 döngü sonunda önemli miktarda kapasite kaybı bulmuşlardır. Kapasite kaybındaki bu farklılık Chan ve arkadaşlarının kullandıkları $LiMn_2O_4$ bileşiğinin bu çalışmada kullanılan bileşikten bileşim ve sentez metodu bakımından farklı olmasından kaynaklanabilir.

Diğer bir neden ise kapasite kaybını etkileyen etilen karbonat, dietil karbonat, dimetil karbonat ve asetilen siyahındaki safsızlık miktarları ve katot hazırlama metodundaki farklılık olabilir. Chan ve arkadaşları etilen karbonat ve dimetil karbonatın safsızlık miktarları ile katot hazırlama metodu hakkında bir bilgi vermemişlerdir.

Xia ve arkadaşları [78] oda sıcaklığındaki toplam kapasite kaybının %23 kadarının manganın elektrolit içinde çözünmesinden kaynaklandığını rapor etmişlerdir. Jang ve arkadaşları [30] ise $LiPF_6$ tuzunun iletken olarak kullanıldığı elektrolitlerde şarj/deşarj sırasında HF oluşumunun manganın çözünmesini artırdığını doğrulamışlardır. Genelde, $LiPF_6$ tuzunun organik bir çözücüde susuz çözeltisini hazırlamak zordur. Çok az miktardaki su (< 20 ppm), $LiPF_6$ tuzunun bozunmasına neden olmaktadır. $LiPF_6$ tuzunun su ile tepkimesi sonucu HF asidi oluşmaktadır [130]

$$LiPF_6 + H_2O \rightarrow LiF + POF_3 + 2HF$$

Oluşan HF asidi, katot aktif $LiMn_2O_4$ bileşiğini çözmekte ve kapasite kaybına neden olmaktadır.

$$2\ LiMn_2O_4 + 4\ H^+ \rightarrow 3\ \lambda\text{-}MnO_2 + Mn^{2+} + 2\ Li^+ + 2\ H_2O$$

Katot yüzeyindeki HF miktarının azalması ile $LiMn_2O_4$ bileşiğinin çözünürlüğünün azalması mümkündür. Bu çalışmadan elde edilen elektrokimyasal sonuçlar, $LiMn_2O_4$ tanecik yüzeylerinin LBO cam filmi ile kaplanması sonucu $LiMn_2O_4$ spinel elektrotunun kapasite kaybının önemli ölçüde azaldığını göstermiştir. Bu azalma, $LiMn_2O_4$ tanecik yüzeylerine kaplanmış olan LBO cam filmi ile sağlanmaktadır. Yüksek lityum iyonu difüzyon hızına sahip olan LBO filmi, katot yüzeyindeki HF miktarını ve elektrolit ile katot arasındaki yüzey alanını düşürerek kapasite kaybı azalmaktadır.

4.2.2. Cr_2O_3 Kaplanmış $LiMn_2O_4$

Elementel analiz sonuçlarına göre, anaç $LiMn_2O_4$ ve Cr_2O_3 kaplanmış $LiMn_2O_4$ bileşiklerinin elementel bileşiminin hedeflenen bileşime yakın olduğu bulunmuştur.

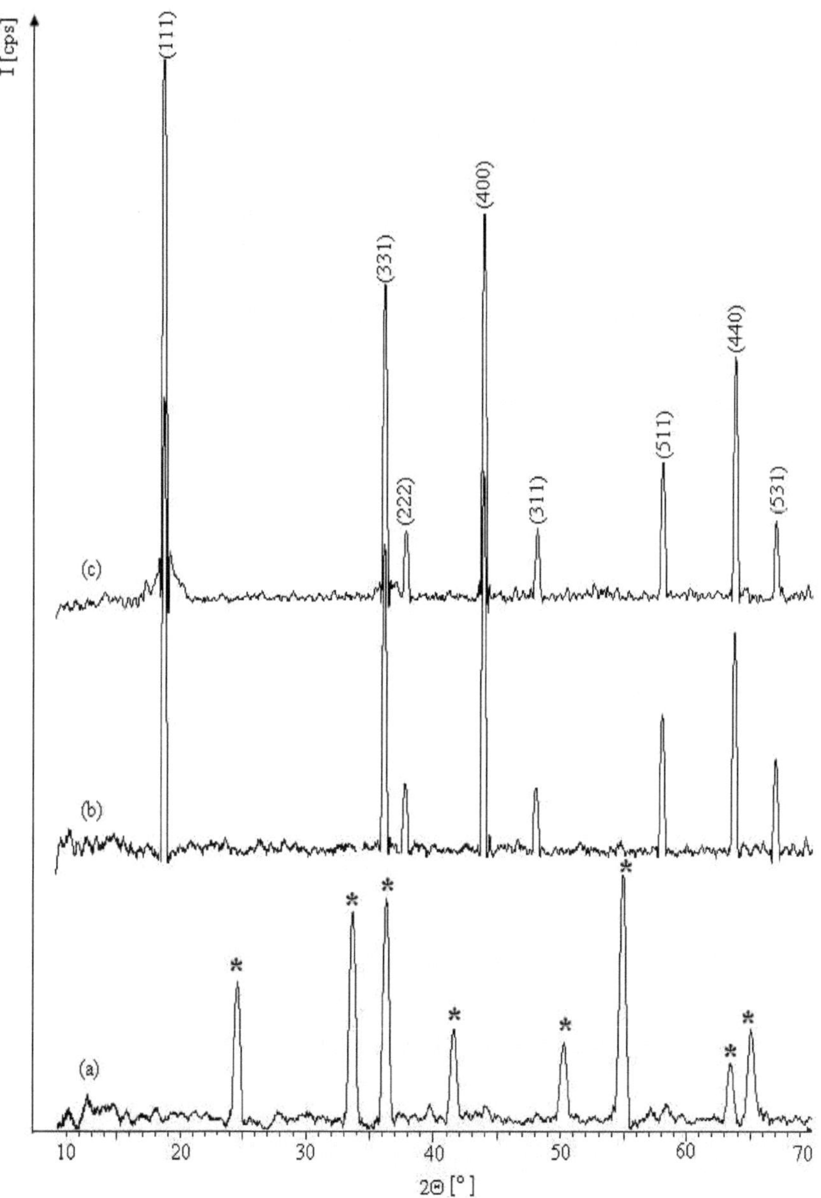

Şekil 4.10. (a) Cr_2O_3 (b) Anaç bileşik $LiMn_2O_4$ ve (c) Cr_2O_3 kaplanmış $LiMn_2O_4$ bileşiğinin XRD toz desenleri

Cr_2O_3, $LiMn_2O_4$ ve Cr_2O_3 kaplanmış $LiMn_2O_4$ bileşiklerinin XRD toz desenleri Şekil 4.10'da verilmiştir. XRD toz desenine göre $LiMn_2O_4$ bileşiğinin safsızlık içermediği ve uzay grubu Fd3m olan kübik spinel yapıya sahip olduğu bulunmuştur. Aynı şekilde Cr_2O_3 kaplanmış $LiMn_2O_4$ bileşiğinin XRD toz deseninin (Şekil 4.10 c) safsızlık içermediği ve anaç bileşiğin toz desenine çok benzediği görülmektedir.

$LiMn_2O_4$ ve Cr_2O_3 kaplanmış $LiMn_2O_4$ bileşiklerinin toz desenlerinden hesaplanan birim hücre boyutu değerleri sırası ile a = 8.239 Å ve a = 8.240 Å bulunmuş olup literatür değeri ile uyumludur [121]. Cr_2O_3 kaplı $LiMn_2O_4$ bileşiğinin birim hücre boyutunun anaç $LiMn_2O_4$ bileşiğinin birim hücre boyutuna yakın olması, Cr_2O_3 bileşiğinin $LiMn_2O_4$ taneciklerinin yüzeyinde kaldığını ve spinel bileşiğin yapısına girmediğini göstermektedir. Cr^{3+} iyonları, spinel yapıdaki bir kısım Mn^{3+} iyonları ile yer değiştirmiş olsaydı birim hücre boyutunun önemli ölçüde küçülmesi beklenirdi [72].

Zira Cr^{3+} iyonunun çapı (0.61 Å), Mn^{3+} iyonunun çapından (0.65 Å) daha küçüktür. Ayrıca Tablo 4.2'de görüldüğü gibi Cr-O bağ enerjisi Mn-O bağ enerjisinden daha büyüktür. Cr_2O_3 kaplanmış $LiMn_2O_4$ bileşiğinin toz deseninde Cr_2O_3 pikinin bulunmaması, kaplamada kullanılan Cr_2O_3 miktarının ağırlıkça % 1 gibi çok düşük bir değerde olmasından kaynaklanmaktadır.

Kaplama maddesinin oluşum sıcaklığını bulmak için amonyum asetat/asetik asit çözeltisi ile tamponlanmış $Cr(NO_3)_3$ $9H_2O$ sulu çözeltisinin çözücüsü buharlaştırılarak elde edilmiş olan katı maddenin termal analizi yapıldı. Şekil 4.11'de görüldüğü gibi 120 - 220°C arasındaki büyük kütle kaybı, kristal suyu ve soğurulan suyun buharlaşmasına aittir. 220 - 500°C sıcaklık aralığındaki kütle kaybı amonyum asetat, asetik asit ve nitratın yanma ve bozunmasına karşılık gelmektedir. 500 °C sıcaklığın üzerinde herhangi bir kütle kaybı gözlenmemiştir.

Kaplamanın Cr_2O_3 olup olmadığını anlamak için sırasıyla amonyum asetat/asetik asit çözeltisi ile tamponlanmış $Cr(NO_3)_3$ $9H_2O$ sulu çözeltisinin çözücüsü buharlaştırıldı, elde edilen katı madde 500 °C'de 4 saat boyunca ısıtıldı ve Şekil 4.10 (a)'da verilen XRD toz deseni alındı. Elde edilen XRD toz deseninin Cr_2O_3 bileşiğinin literatür değeri

[131] ile uyumlu olduğu bulundu. Bu bilgilerden faydalanarak kaplamada kullanılan ısıtma işleminin 500 °C sıcaklıkta yapılması kararlaştırıldı.

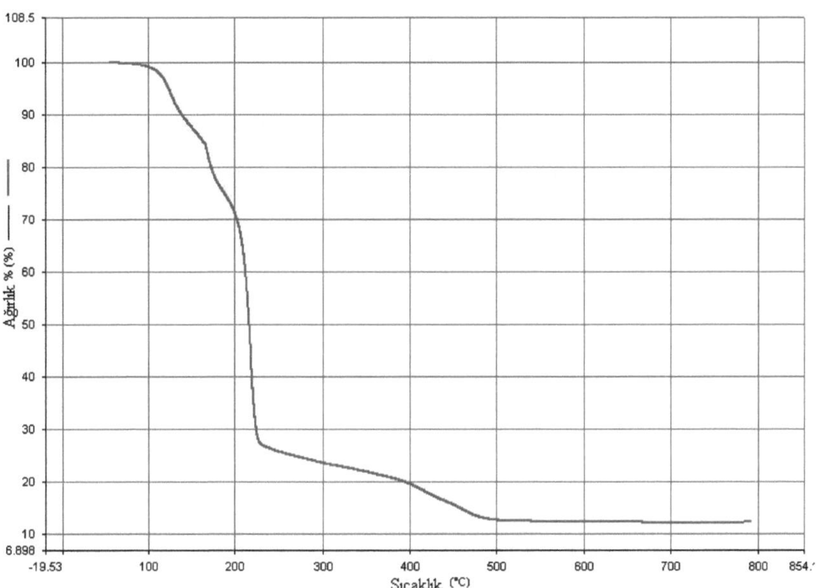

Şekil 4.11. Amonyum asetat/asetik asit çözeltisi ile tamponlanmış $Cr(NO_3)_3$ $9H_2O$ sulu çözeltisinin çözücüsü buharlaştırılarak elde edilmiş olan katı maddenin termal eğrisi

$LiMn_2O_4$ ve Cr_2O_3 kaplanmış $LiMn_2O_4$ bileşiklerinin SEM görüntüleri Şekil 4.12'de verilmiştir. Kaplamasız $LiMn_2O_4$ bileşiğinin SEM görüntüleri (Şekil 4.12.(a,c)), Cr_2O_3 kaplanmış $LiMn_2O_4$ bileşiğinin SEM görüntüleri (Şekil 4.12.(b,d)) ile karşılaştırıldığında; kaplamasız $LiMn_2O_4$ taneciklerinin birbirinden ayrı ve yüzeylerinin düz olmasına karşın, Cr_2O_3 kaplanmış $LiMn_2O_4$ taneciklerinin topaklaşmış ve yüzeylerinin pürüzlü olduğu görülmektedir.

Şekil 4.13'de Cr_2O_3 kaplanmış $LiMn_2O_4$ bileşiğinin SEM-EDX mikroskobu ile alınan krom haritası görülmektedir. Krom haritasına göre $LiMn_2O_4$ tanecik yüzeylerinde krom dağılımının yeteri kadar homojen olduğu ve $LiMn_2O_4$ taneciklerinin Cr_2O_3 ile başarılı bir şekilde kaplandığı anlaşılmaktadır.

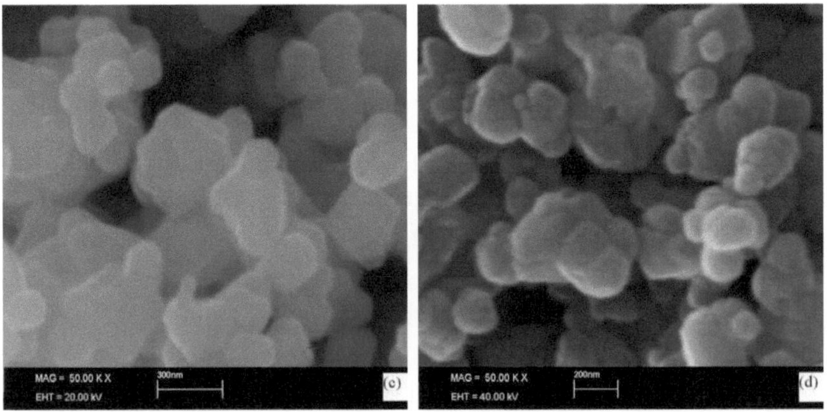

Şekil 4.12. (a,c) Anaç bileşik $LiMn_2O_4$ ve (b,d) Cr_2O_3 kaplı $LiMn_2O_4$ bileşiğinin 10.000 ve 50.000 kat büyütülmüş SEM görüntüleri

Şekil 4.13. Cr_2O_3 kaplanmış $LiMn_2O_4$ tanecik yüzeyinin krom haritası

Li | 1 M $LiPF_6$(EC-DEC) | $LiMn_2O_4$ ve Cr_2O_3 kaplanmış $LiMn_2O_4$ pilinin 148 mA g^{-1} (= 1 C) akım yoğunluğu ve 3.5 - 4.5 V potansiyel aralığında dolma ve boşalma eğrileri Şekil 4.14'de verilmiştir. Şekil 4.14'de $Mn^{3+/4+}$ redoks çiftine ait yaklaşık 4.0 V ve 4.1 V değerlerinde iki voltaj platosu olduğu ve iki platolu yapının tüm bileşikler için 70 döngü boyunca korunduğu görülmektedir.

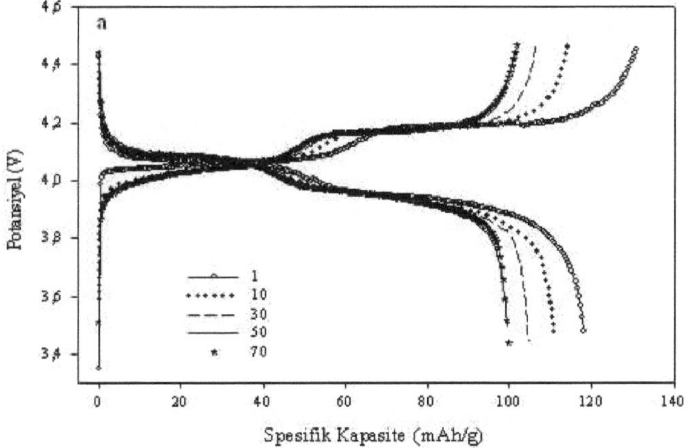

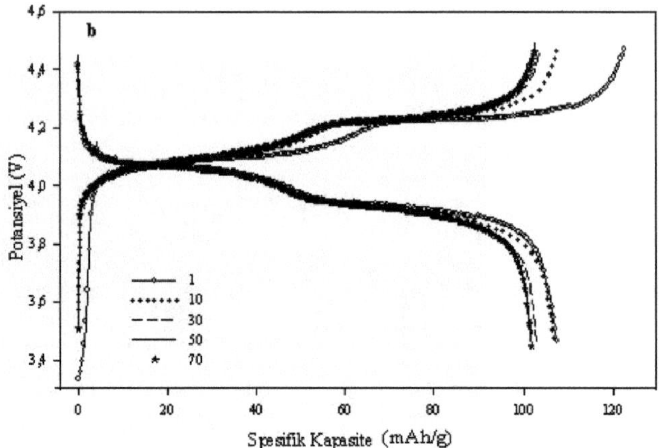

Şekil 4.14. (a) Anaç bileşik $LiMn_2O_4$ ve (b) Cr_2O_3 kaplı $LiMn_2O_4$ bileşiğinin şarj/deşarj eğrileri. 148 mAh g^{-1} (= 1 C) akım yoğunluğu ve anot olarak lityum metali kullanıldı.

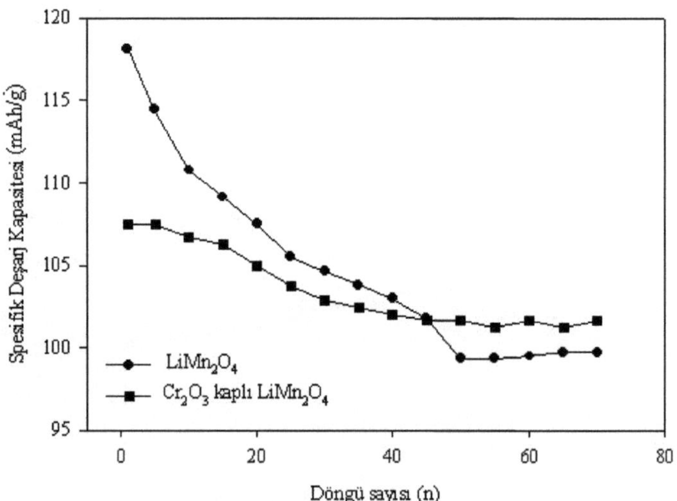

Şekil 4.15. Anaç bileşik $LiMn_2O_4$ ve Cr_2O_3 kaplamış $LiMn_2O_4$ bileşiklerinin deşarj kapasitesinin döngü sayısı ile değişimi

Tablo 4.6. Anaç bileşik $LiMn_2O_4$ ve Cr_2O_3 kaplanmış $LiMn_2O_4$ bileşiklerinin deşarj kapasitesi ve kapasite kayıp oranları

Katot aktif madde	Deşarj kapasitesi (mAh g^{-1})								70 döngüde kapasite kaybı (%)
	1. döngü	10. döngü	20. döngü	30. döngü	40. döngü	50. döngü	60. döngü	70. döngü	
$LiMn_2O_4$	118.1	110.8	107.5	104.6	103.0	99.3	99.5	99.7	15.5
Cr_2O_3 kaplanmış $LiMn_2O_4$	107.5	106.7	104.9	102.9	102.1	101.7	101.7	101.7	5.4

Anaç bileşik $LiMn_2O_4$ ve Cr_2O_3 kaplanmış $LiMn_2O_4$ bileşiğinin deşarj kapasitesinin döngü sayısı ile değişimi Şekil 4.15'de verilmiştir. Değişik döngü sayıları için hesaplanmış olan deşarj kapasitesi ve kapasite kayıp oranları Tablo 4.6'da verilmiştir. Şekil 4.15 ve Tablo 4.6'da görüldüğü gibi Cr_2O_3 kaplanmış $LiMn_2O_4$ bileşiğin başlangıç deşarj kapasitesinin (118.1 mAh g^{-1}) anaç $LiMn_2O_4$ bileşiğinin başlangıç deşarj kapasitesinden (107.5 mAh g^{-1}) daha düşük olduğu bulunmuştur.

Şekil 4.15 ve Tablo 4.6'da görüldüğü gibi, 1 C akım yoğunluğu ve 3.5 - 4.5 V voltaj aralığında $LiMn_2O_4$ anaç bileşiğin başlangıç kapasitesi 118.1 mAh g^{-1} iken 70 döngü sonunda %15.5 kayıpla 99.7 mAh g^{-1} değerine düşmüştür.

Diğer yandan aynı şartlar altında, Cr_2O_3 kaplanmış $LiMn_2O_4$ bileşiğinin kapasite kaybının anaç bileşiğe kıyasla çok daha düşük olduğu bulunmuştur. Cr_2O_3 kaplanmış $LiMn_2O_4$ bileşiğinin başlangıç deşarj kapasitesi 107.5 mAh g^{-1} iken 70 döngü sonunda %5.4 kayıpla 101.7 mAh g^{-1} değerine düşmüştür. Bu durum, Cr_2O_3 kaplamanın kapasite kaybını azalttığını göstermektedir. Anaç bileşik $LiMn_2O_4$ ve Cr_2O_3 kaplanmış $LiMn_2O_4$ bileşikleri için yapılan çözünme deneyinde mangan derişimi sırasıyla 12 ppm ve 2.9 ppm bulunmuştur. Bu sonuç, Cr_2O_3 kaplamanın manganın elektrolit içinde çözünmesini engelleyerek kapasite kaybını düşürdüğünü göstermektedir [132,133].

Cr_2O_3 kaplamanın $LiMn_2O_4$ bileşiğinin elektrolit içinde çözünmesine olan etkisini öğrenmek için anaç $LiMn_2O_4$ bileşiği ve Cr_2O_3 kaplanmış $LiMn_2O_4$ bileşiği, elektrolit

(1 M $LiPF_6$ tuzunun hacimce 1:1 oranında olan EC/DEC karışımındaki çözeltisi) içinde 7 gün bekletildikten sonra SEM görüntüleri alındı. SEM görüntüleri Şekil 4.16 ve Şekil 4.17'de verilmiştir.

Anaç $LiMn_2O_4$ bileşiğin elektrolitte bekletilmeden önceki görüntüsü (Şekil 4.16.(a)) ile elektrolitte bekletildikten sonraki görüntüsü (Şekil 4.16.(b)) karşılaştırıldığında elektrolitte beklemiş olan taneciklerin köşe ve sınırlarının kaybolduğu ve boyutlarının daha küçük olduğu görülmektedir. Buna karşılık, Cr_2O_3 kaplanmış $LiMn_2O_4$ bileşiğin elektrolitte bekletilmeden önceki görüntüsü (Şekil 4.17.(a)) ile elektrolitte bekletildikten sonraki görüntüsü (Şekil 4.17.(b)) karşılaştırıldığında aralarında önemli bir farkın olmadığı görülmektedir. Bu durum, Cr_2O_3 kaplamasının $LiMn_2O_4$ bileşiğinin elektrolit içinde çözünmesini engellediğini göstermektedir.

Yine Cr_2O_3 kaplamanın $LiMn_2O_4$ bileşiğinin elektrolit içinde çözünmesine olan etkisini öğrenmek için anaç $LiMn_2O_4$ bileşiği ve Cr_2O_3 kaplanmış $LiMn_2O_4$ bileşiğinin 10. ve 70. döngüden sonra SEM görüntüleri alınmıştır. SEM görüntüleri Şekil 4.16 ve Şekil 4.17'de verilmiştir. Anaç $LiMn_2O_4$ bileşiğinin elektrokimyasal döngüden önceki görüntüsü (Şekil 4.16.(a)) ile 10. ve 70. döngüden sonraki görüntüleri (Şekil 4.16.(c,d)) karşılaştırıldığında; döngü sonrasında yüzey morfolojisinin tamamen değiştiği görülmektedir.

Buna karşın, Cr_2O_3 kaplanmış $LiMn_2O_4$ bileşiğinin döngüden önceki görüntüsü (Şekil 4.17.(a)) ile 10. ve 70. döngüden sonraki görüntüleri (Şekil 4.17.(c,d)) karşılaştırıldığında ise; döngü sonrasında yüzey morfolojisinin önemli ölçüde değişmediği görülmektedir.

Bu çalışmadan elde edilen elektrokimyasal veriler, $LiMn_2O_4$ tanecik yüzeylerinin Cr_2O_3 filmi ile kaplanması sonucu $LiMn_2O_4$ spinel bileşiğinin kapasite kaybının önemli ölçüde azaldığını göstermiştir. Bu azalma, $LiMn_2O_4$ tanecik yüzeylerine kaplanmış olan Cr_2O_3 filmi ile sağlanmaktadır. Cr_2O_3 filmi, katot yüzeyindeki HF miktarını ve elektrolit ile katot arasındaki yüzey alanını düşürerek iyileşme gerçekleşmektedir.

Şekil 4.16. Anaç $LiMn_2O_4$ bileşiğinin (a) Sentezlendikten sonra (b) 7 gün elektrolitte bekledikten sonra, (c) 10. Döngü sonunda ve (d) 70. Döngü sonunda alınmış SEM görüntüleri

Şekil 4.17. Cr_2O_3 kaplanmış $LiMn_2O_4$ bileşiğinin (a) Sentezlendikten sonra (b) 7 gün elektrolitte bekledikten sonra, (c) 10. Döngü sonunda ve (d) 70. Döngü sonunda alınmış SEM görüntüleri

4.2.3. $CaCO_3$ Kaplanmış $LiMn_2O_4$

Elementel analiz sonuçlarına göre, anaç $LiMn_2O_4$ bileşiği ve $CaCO_3$ kaplanmış $LiMn_2O_4$ bileşiğinin elementel bileşiminin hedeflenen bileşime yakın olduğu bulunmuştur.

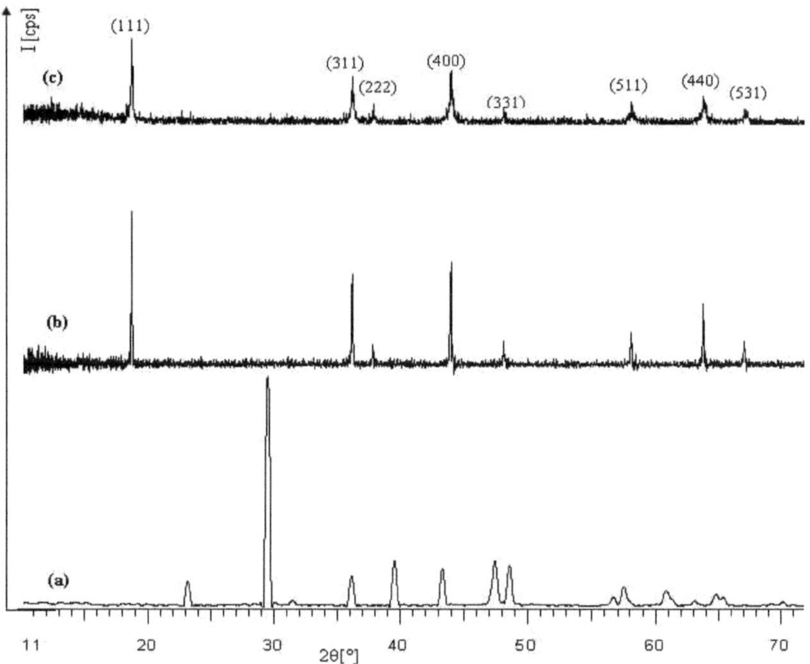

Şekil 4.18. (a) $CaCO_3$, (b) $LiMn_2O_4$ ve (c) $CaCO_3$ kaplanmış $LiMn_2O_4$ bileşiklerinin XRD toz desenleri

$CaCO_3$, anaç $LiMn_2O_4$ ve $CaCO_3$ kaplanmış $LiMn_2O_4$ bileşiklerinin XRD toz desenleri Şekil 4.18'de verilmiştir. XRD toz desenine göre $LiMn_2O_4$ bileşiğinin safsızlık içermediği ve uzay grubu Fd3m olan kübik spinel yapıya sahip olduğu bulunmuştur. $CaCO_3$ kaplanmış $LiMn_2O_4$ bileşiğinin XRD toz deseninin (Şekil 4.18 c) safsızlık içermediği fakat anaç bileşiğin XRD toz deseni ile karşılaştırıldığında piklerin daha geniş ve pik şiddetlerinin daha düşük olduğu görülmektedir. Bu durum, $CaCO_3$ kaplama sırasında bir kısım Ca^{2+} iyonunun $LiMn_2O_4$ spinel bileşiğinin yapısına girdiğini göstermektedir. Anaç $LiMn_2O_4$ bileşiği ve $CaCO_3$ kaplanmış $LiMn_2O_4$ bileşiğinin toz desenlerinden hesaplanan birim hücre boyutu değerleri sırası ile a = 8.246 Å ve a = 8.243 Å bulunmuş olup literatür değeri ile uyumludur [121]. $CaCO_3$ kaplanmış $LiMn_2O_4$ bileşiğinin toz deseninde $CaCO_3$ pikinin bulunmaması, kaplamada kullanılan $CaCO_3$ miktarının ağırlıkça % 1 gibi çok düşük bir değerde olmasından kaynaklanmaktadır.

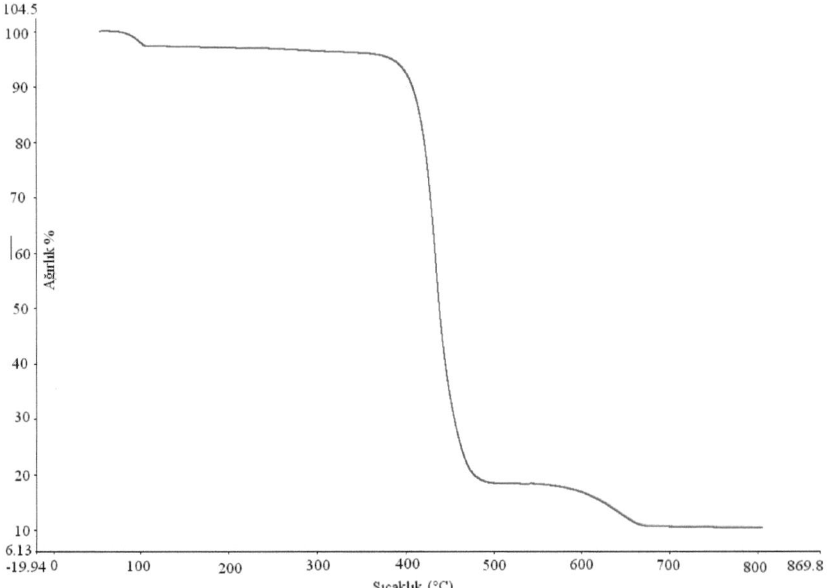

Şekil 4.19. Kalsiyum stearatın, $Ca(C_{17}H_{35}COO)_2$, benzende çözülüp çözücü uzaklaştırıldıktan sonra kalan katı kısmın termal dönüşüm eğrisi

Kaplama maddesinin oluşum sıcaklığını bulmak için kalsiyum stearat, $Ca(C_{17}H_{35}COO)_2$, benzende çözülüp çözücü uzaklaştırıldıktan sonra kalan katı kısmın termal dönüşüm eğrisi elde edildi. Şekil 4.19'da görüldüğü gibi oda sıcaklığından 500 °C sıcaklığa kadar olan büyük kütle kaybı, organik kısmın bozunmasına aittir. 500 – 700 °C sıcaklık aralığında herhangi bir kütle kaybı yoktur. 700 °C'den sonra gerçekleşen kütle kaybı, $CaCO_3 \rightarrow CaO$ bozunmasına karşılık gelmektedir. Kaplamanın $CaCO_3$ olup olmadığını anlamak için kalsiyum stearat, $Ca(C_{17}H_{35}COO)_2$, sırasıyla benzende çözüldü, çözücü ısıtılarak uzaklaştırıldı, kalan katı madde 500 °C'de 3.5 saat boyunca ısıtıldı ve Şekil 4.18.(a)'da verilen XRD toz deseni alındı. Elde edilen XRD toz deseninin $CaCO_3$ bileşiğinin literatür değeri [134] ile uyumlu olduğu bulundu.

Bu bilgilerden faydalanarak kaplamada kullanılan ısıtma işleminin 500 °C sıcaklıkta yapılmasına karar verildi.

$LiMn_2O_4$ ve $CaCO_3$ kaplanmış $LiMn_2O_4$ bileşiklerinin SEM görüntüleri Şekil 4.20'de verilmiştir. Kaplamasız $LiMn_2O_4$ bileşiğinin SEM görüntüsü (Şekil 4.20.(a)), $CaCO_3$ kaplanmış $LiMn_2O_4$ bileşiğinin SEM görüntüleri (Şekil 4.20.(b)) ile karşılaştırıldığında; kaplamasız $LiMn_2O_4$ taneciklerinin birbirinden ayrı olmasına karşın, $CaCO_3$ kaplanmış $LiMn_2O_4$ taneciklerinin topaklaşmış olduğu görülmektedir.

Şekil 4.20. (a,c) Anaç bileşik $LiMn_2O_4$ ve (b,d) $CaCO_3$ kaplanmış $LiMn_2O_4$ bileşiğinin SEM görüntüleri

Şekil 4.21'de $CaCO_3$ kaplanmış $LiMn_2O_4$ bileşiğinin SEM-EDX mikroskobu ile alınan kalsiyum haritası görülmektedir. Kalsiyum haritasına göre $LiMn_2O_4$ tanecik yüzeylerinde kalsiyum dağılımının yeteri kadar homojen olduğu ve $LiMn_2O_4$ taneciklerinin $CaCO_3$ ile başarılı bir Şekilde kaplandığı anlaşılmaktadır.

Şekil 4.21. $CaCO_3$ kaplanmış $LiMn_2O_4$ tanecik yüzeylerinin kalsiyum haritası

Li | 1 M $LiPF_6$(EC-DEC) | $LiMn_2O_4$ ve $CaCO_3$ kaplanmış $LiMn_2O_4$ pilin 148 mA g^{-1} (= 1 C) akım yoğunluğu ve 3.5 - 4.5 V potansiyel aralığında dolma ve boşalma eğrileri Şekil 4.22'de verilmiştir. Şekil 4.22'de $Mn^{3+/4+}$ redoks çiftine ait yaklaşık 4.0 V ve 4.1 V değerlerinde olmak üzere iki voltaj platosu olduğu ve iki platolu yapının tüm bileşikler için 30 döngü boyunca korunduğu görülmektedir.

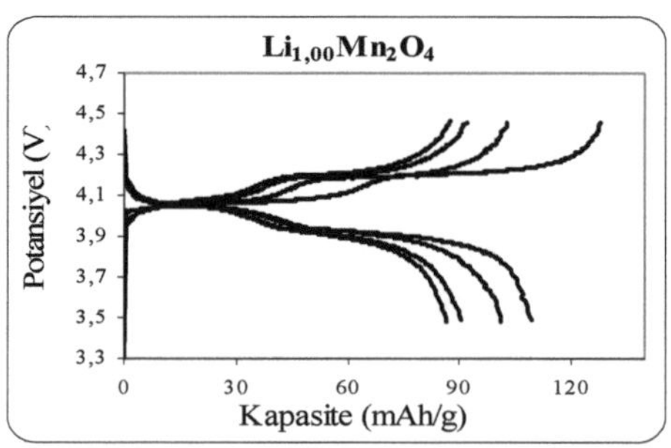

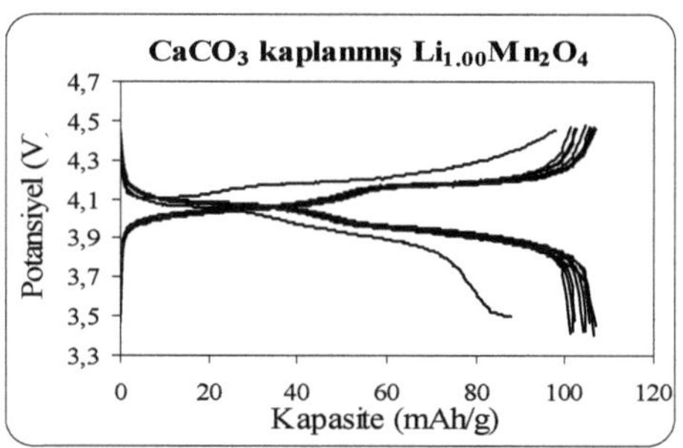

Şekil 4.22. $LiMn_2O_4$ ve $CaCO_3$ kaplanmış $LiMn_2O_4$ bileşiklerinin şarj/deşarj eğrileri. 148 mAh g^{-1} (= 1 C) akım yoğunluğu ve anot olarak lityum metali kullanıldı.

Anaç bileşik $LiMn_2O_4$ ve $CaCO_3$ kaplanmış $LiMn_2O_4$ bileşiklerinin deşarj kapasitesinin döngü sayısı ile değişimi Şekil 4.23'de verilmiştir. Değişik döngü sayıları için hesaplanan deşarj kapasitesi ve kapasite kayıp oranları Tablo 4.7'de verilmiştir.

Şekil 4.23 ve Tablo 4.7'de görüldüğü gibi $CaCO_3$ kaplanmış $LiMn_2O_4$ bileşiğin başlangıç deşarj kapasitesinin (87.1 mAh g^{-1}) anaç bileşiğin, $LiMn_2O_4$, başlangıç deşarj kapasitesinden (109.4 mAh g^{-1}) çok daha düşük olduğu bulunmuştur. Bunun nedeni, $CaCO_3$ kaplamasının lityum iyonlarının spinel yapıya girmesi ve spinel yapıdan ayrılmasını kısıtlayan bir bariyer oluşturmasıdır [135]. Döngü sayısı arttıkça lityum difüzyon kanalları açılarak deşarj kapasitesi artmaktadır.

Şekil 4.22 ve Tablo 4.7'de görüldüğü gibi, 1 C akım yoğunluğu ve 3.5 - 4.5 V voltaj aralığında $LiMn_2O_4$ anaç bileşiğinin başlangıç kapasitesi 109.4 mAh g^{-1} iken 30 döngü sonunda %20.8 kayıpla 86.6 mAh g^{-1} değerine düşmüştür. Diğer yandan aynı şartlar altında, $CaCO_3$ kaplanmış $LiMn_2O_4$ bileşiğinin kapasite kaybının anaç bileşiğe kıyasla çok daha düşük olduğu bulunmuştur. $CaCO_3$ kaplanmış $LiMn_2O_4$ bileşiğinin ulaşılan en yüksek deşarj kapasitesi 106.9 mAh g^{-1} iken 30 döngü sonunda %1.1 kayıpla 105.7 mAh g^{-1} değerine düşmüştür. Bu durum, $CaCO_3$ kaplamanın kapasite kaybını azalttığını göstermektedir.

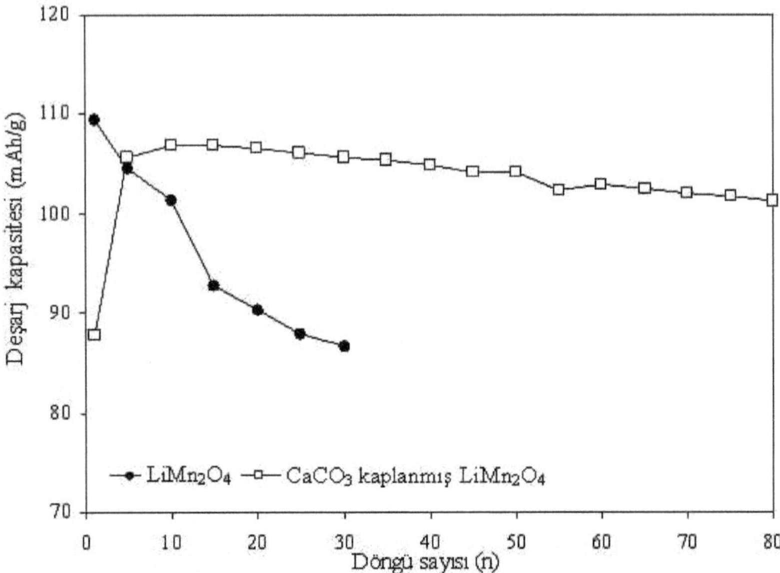

Şekil 4.23 Anaç bileşik $LiMn_2O_4$ ve $CaCO_3$ kaplanmış $LiMn_2O_4$ bileşiğinin deşarj kapasitesinin döngü sayısı ile değişimi

Tablo 4.7. Anaç $LiMn_2O_4$ bileşiği ve $CaCO_3$ kaplanmış $LiMn_2O_4$ bileşiğinin deşarj kapasitesi ve kapasite kayıp oranları

Katot aktif madde	Ulaşılan en yüksek deşarj kapasitesi (mAh g^{-1})	30. döngüde deşarj kapasitesi (mAh g^{-1})	30 döngüde kapasite kaybı (*) (%)
$LiMn_2O_4$	109.4	86.6	20.8
$CaCO_3$ kaplanmış $LiMn_2O_4$	106.9	105.7	1.1 (%5.3**)

*Ulaşılan en yüksek deşarj kapasitesine göre hesaplanmış

** 80.Döngüde kapasite kaybı

4.2.4. Lityum Boro Silikat (LBS) Kaplanmış $LiMn_2O_4$

Elementel analiz sonuçlarına göre, anaç $LiMn_2O_4$ bileşiği ve LBS kaplanmış $LiMn_2O_4$ bileşiklerinin elementel bileşiminin hedeflenen bileşime yakın olduğu bulunmuştur.

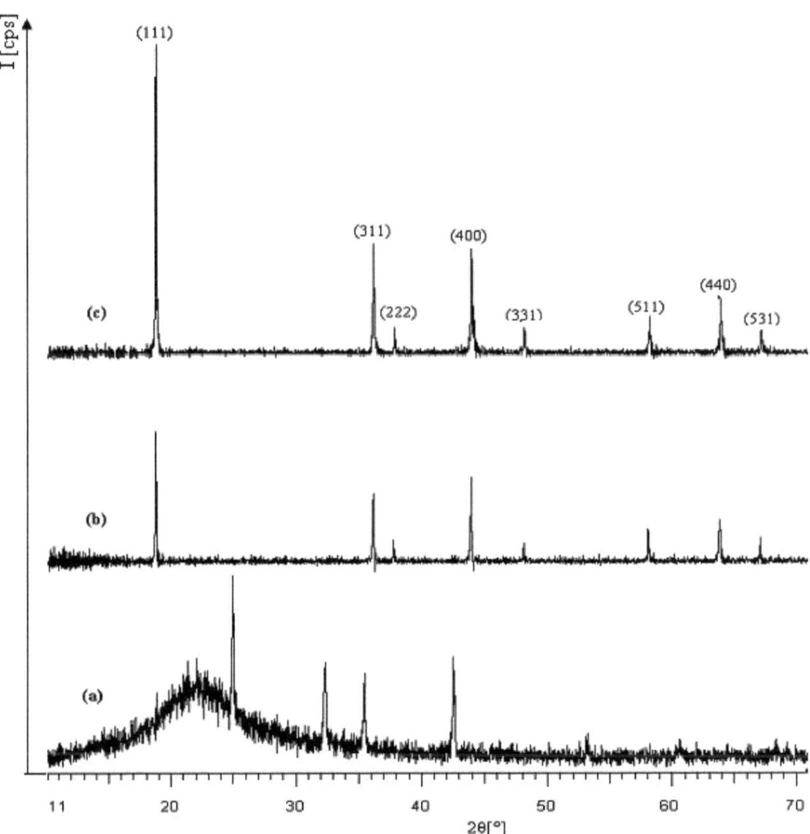

Şekil 4.24. (a) LBS, (b) Anaç bileşik $LiMn_2O_4$ ve (c) LBS kaplanmış $LiMn_2O_4$ bileşiğinin XRD toz desenleri

LBS, $LiMn_2O_4$ ve LBS kaplanmış $LiMn_2O_4$ bileşiklerinin XRD toz desenleri Şekil 4.24' de verilmiştir. XRD toz desenine göre $LiMn_2O_4$ bileşiğinin safsızlık içermediği ve uzay grubu Fd3m olan kübik spinel yapıya sahip olduğu bulunmuştur. Aynı Şekilde LBS kaplanmış $LiMn_2O_4$ bileşiğinin XRD toz deseninin (Şekil 4.24.(c)) safsızlık içermediği ve anaç bileşiğin toz desenine benzediği görülmektedir. $LiMn_2O_4$ ve LBS kaplanmış $LiMn_2O_4$ bileşiklerinin toz desenlerinden hesaplanan birim hücre boyutu değerleri sırası ile a = 8.232 Å ve a = 8.239 Å bulunmuş olup literatür değeri ile uyumludur [121]. LBS kaplanmış $LiMn_2O_4$ bileşiğinin birim hücre boyutunun anaç $LiMn_2O_4$ bileşiğinin birim hücre boyutuna yakın olması, LBS bileşiğinin $LiMn_2O_4$ taneciklerinin yüzeyinde kaldığını ve spinel bileşiğin yapısına girmediğini göstermektedir. Si^{4+} iyonları, spinel yapıdaki bir kısım Mn^{3+} veya Li^+ iyonları ile yer değiştirmiş olsaydı birim hücre boyutunun önemli ölçüde küçülmesi beklenirdi [135]. Zira Tablo 4.2'de görüldüğü gibi Si^{4+} iyonunun yarıçapı (0.26 Å), Li^+ iyonu (0.59 Å) ve Mn^{3+} iyonunun yarıçapından (0.65 Å) daha küçüktür. LBS kaplanmış $LiMn_2O_4$ bileşiğinin toz deseninde LBS'a ait bir pikin gözlenmemesi, LBS miktarının çok küçük olmasından kaynaklanmaktadır.

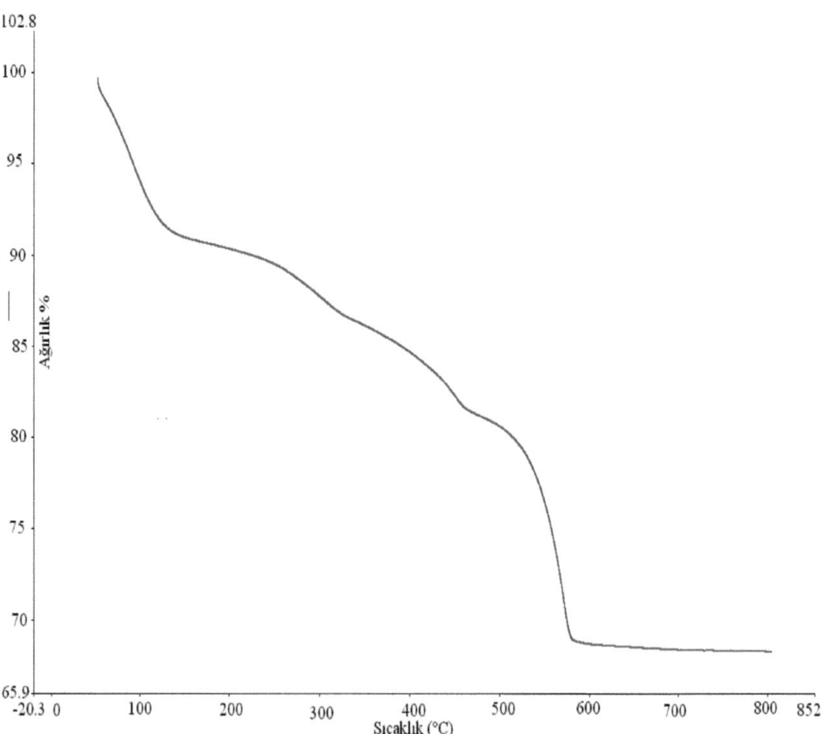

Şekil 4.25. Kaplamada kullanılan LBS jelinin termal dönüşüm eğrisi

Kaplama maddesinin oluşum sıcaklığını bulmak için LBS jelinin termal dönüşüm eğrisi elde edildi. Şekil 4.25'de görüldüğü gibi oda sıcaklığı ile 580 °C sıcaklık aralığında büyük kütle kaybı olmaktadır. Kaplama maddesinin kristal yapıda olup olmadığını anlamak için LBS jeli 425 °C'de ısıtıldıktan sonra Şekil 4.24.(a)'da verilen XRD toz deseni alındı. XRD toz desenine göre maddenin 425 °C'de camsı ve kristal karışımı bir yapıda olduğu görülmektedir. Bu bilgilerden faydalanarak kaplamada kullanılan ısıtma işleminin 425 °C sıcaklıkta yapılması kararlaştırıldı.

Anaç bileşik $LiMn_2O_4$ ve LBS kaplanmış $LiMn_2O_4$ bileşiklerinin SEM görüntüleri Şekil 4.26'da verilmiştir. Kaplamasız $LiMn_2O_4$ bileşiğinin SEM görüntüleri (Şekil 4.26.(a,c)), LBS kaplanmış $LiMn_2O_4$ bileşiğinin SEM görüntüleri (Şekil 4.26.(b,d)) ile karşılaştırıldığında; kaplamasız $LiMn_2O_4$ taneciklerinin birbirinden ayrı ve yüzeylerinin düz olmasına karşın, LBS kaplanmış $LiMn_2O_4$ taneciklerinin topaklaşmış ve yüzeylerinin pürüzlü olduğu görülmektedir.

Şekil 4.27'de LBS kaplanmış $LiMn_2O_4$ bileşiğinin SEM-EDX mikroskobu ile alınan silisyum haritası görülmektedir. Silisyum haritasına göre $LiMn_2O_4$ tanecik yüzeylerinde silisyum dağılımının yeteri kadar homojen olduğu ve $LiMn_2O_4$ taneciklerinin LBS ile başarılı bir Şekilde kaplandığı anlaşılmaktadır.

Şekil 4.26. (a) Anaç $LiMn_2O_4$ bileşiği ve (b) LBS kaplanmış $LiMn_2O_4$ bileşiğinin 10.000 kat büyütülmüş SEM görüntüleri

Şekil 4.26. (c) Anaç $LiMn_2O_4$ bileşiği ve (d) LBS kaplanmış $LiMn_2O_4$ bileşiğinin 50.000 ve 70.000 kat büyütülmüş SEM görüntüleri

Şekil 4.27. LBS kaplanmış $LiMn_2O_4$ tanecik yüzeyinin silisyum haritası

Li | 1 M $LiPF_6$(EC-DEC) | $LiMn_2O_4$ ve LBS kaplanmış $LiMn_2O_4$ pilinin 148 mA g^{-1} (= 1 C) akım yoğunluğu ve 3.5 - 4.5 V potansiyel aralığında dolma ve boşalma eğrileri Şekil 4.28'de verilmiştir. Şekil 4.28'de $Mn^{3+/4+}$ redoks çiftine ait yaklaşık 4.0 V ve 4.1 V değerlerinde olmak üzere iki voltaj platosu olduğu ve iki platolu yapının her iki bileşik için 30 döngü boyunca korunduğu görülmektedir.

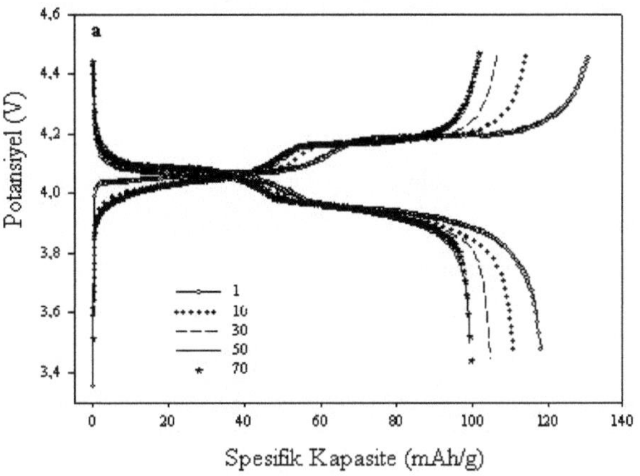

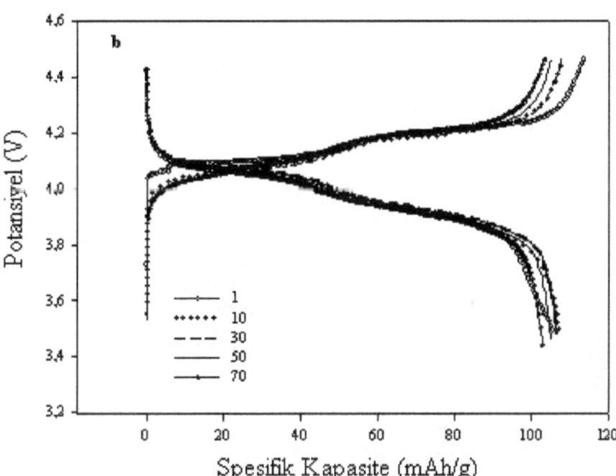

Şekil 4.28. (a) Anaç $LiMn_2O_4$ bileşiği ve (b)LBS kaplanmış $LiMn_2O_4$ bileşiklerinin şarj/deşarj eğrileri. 148 mAh g^{-1} (= 1 C) akım yoğunluğu ve anot olarak lityum metali kullanıldı.

Anaç $LiMn_2O_4$ bileşiği ve LBS kaplanmış $LiMn_2O_4$ bileşiklerinin deşarj kapasitesinin döngü sayısı ile değişimi Şekil 4.29'da verilmiştir. Değişik döngü sayısı için hesaplanmış deşarj kapasitesi ve kapasite kayıp oranları Tablo 4.8'de verilmiştir. Şekil 4.29 ve Tablo 4.8'de görüldüğü gibi LBS kaplanmış $LiMn_2O_4$ bileşiğin başlangıç deşarj kapasitesinin (107.2 mAh g^{-1}) anaç bileşiğin, $LiMn_2O_4$, başlangıç deşarj kapasitesinden

(118.1 mAh g^{-1}) daha düşük olduğu bulunmuştur. Bunun nedeni, LBS kaplamasının lityum iyonlarının spinel yapıya girmesi ve spinel yapıdan ayrılmasını kısıtlayan bir bariyer oluşturmasıdır [135].

Şekil 4.29 ve Tablo 4.8'de görüldüğü gibi, 1C akım yoğunluğu ve 3.5 - 4.5 V voltaj aralığında $LiMn_2O_4$ anaç bileşiğinin başlangıç kapasitesi 118.1 mAh.g^{-1} iken 70 döngü sonunda %15.5 kayıpla 99.7 mAh g^{-1} değerine düşmüştür. Diğer yandan aynı şartlar altında, LBS kaplanmış $LiMn_2O_4$ bileşiğinin kapasite kaybının anaç bileşiğe kıyasla çok daha düşük olduğu bulunmuştur. LBS kaplanmış $LiMn_2O_4$ bileşiğinin başlangıç deşarj kapasitesi 107 2 mAh.g^{-1} iken 70 döngü sonunda %3.8 kayıpla 103.1 mAh g^{-1} değerine düşmüştür. Bu durum, LBS kaplamanın kapasite kaybını azalttığını göstermektedir.

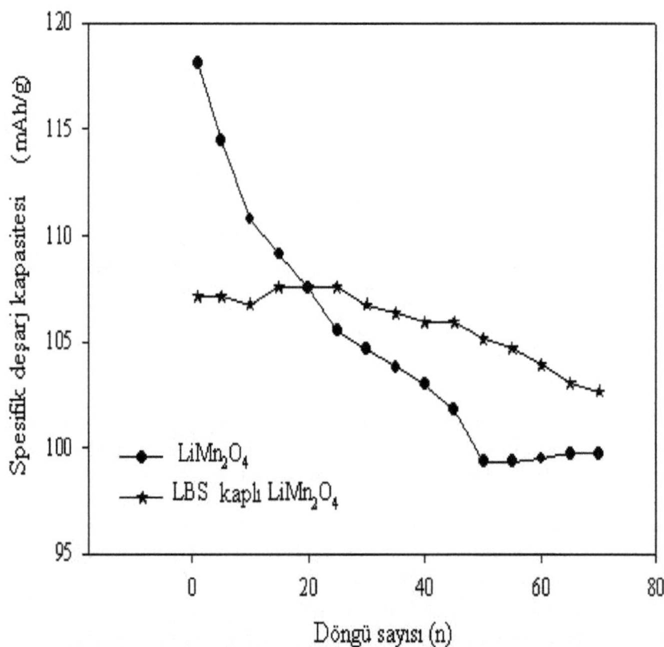

Şekil 4.29. Anaç $LiMn_2O_4$ bileşiği ve LBS kaplanmış $LiMn_2O_4$ bileşiğinin deşarj kapasitesinin döngü sayısı ile değişimi

Tablo 4.8. Anaç $LiMn_2O_4$ bileşiği ve LBS kaplanmış $LiMn_2O_4$ bileşiğinin deşarj kapasitesi ve kapasite kayıp oranları

Katot aktif madde	Deşarj kapasitesi (mAh g^{-1})								70. Döngüde kapasite kaybı (%)
	1	10	20	30	40	50	60	70	
$LiMn_2O_4$	118.1	110.8	107.5	104.6	103.0	99.3	99.5	99.7	15.5
LBS kaplanmış $LiMn_2O_4$	107.2	106.7	107.6	106.7	105.9	105.1	103.9	103.1	3.8

LBS kaplamasının deşarj kapasitesine olan etkisini öğrenmek için anaç bileşik $LiMn_2O_4$ ve LBS kaplanmış $LiMn_2O_4$ bileşiklerinin 70 döngüden sonra SEM görüntüleri alınmıştır. SEM görüntüleri Şekil 4.30 ve Şekil 4.31'de verilmiştir.

Şekil 4.30. Anaç $LiMn_2O_4$ bilşeğin (a) Sentezlendikten sonra (b) 70 Döngü sonunda alınmış SEM görüntüleri

Şekil 4.31. LBS kaplanmış $LiMn_2O_4$ bileşiğinin (a) Sentezlendikten sonra (b) 70 Döngü sonunda alınmış SEM görüntüleri

Anaç $LiMn_2O_4$ bileşiğinin sentezlendikten sonraki görüntüsü (Şekil 4.30.(a)) ile 70 döngüden sonraki görüntüsü (Şekil 4.30.(b)) karşılaştırıldığında; döngü sırasında yüzey morfolojisinin tamamen değiştiği görülmektedir. Buna karşın, LBS kaplanmış $LiMn_2O_4$ bileşiğinin döngüden önceki görüntüsü (Şekil 4.31.(a)) ile 70 döngüden sonraki görüntüsü (Şekil 4.31.(b)) karşılaştırıldığında ise; döngü sırasında yüzey morfolojisinin önemli ölçüde değişmediği görülmektedir.

Bu çalışmadan elde edilen elektrokimyasal sonuçlar, $LiMn_2O_4$ tanecik yüzeylerinin LBS filmi ile kaplanması sonucu katot aktif $LiMn_2O_4$ spinel bileşiğinin kapasite kaybının önemli ölçüde azaldığını göstermiştir. Bu azalma, $LiMn_2O_4$ tanecik yüzeylerine kaplanmış olan LBS filmi ile sağlanmaktadır. LBS filmi, katot yüzeyindeki HF miktarını ve elektrolit ile katot arasındaki yüzey alanını düşürerek iyileşme gerçekleşmektedir.

4.2.5. Fe_2O_3 Kaplanmış $LiMn_2O_4$

Elementel analiz sonuçlarına göre, anaç $LiMn_2O_4$ bileşiği ve Fe_2O_3 kaplanmış $LiMn_2O_4$ bileşiklerinin elementel bileşiminin hedeflenen bileşime yakın olduğu bulunmuştur.

$LiMn_2O_4$ ve Fe_2O_3 kaplanmış $LiMn_2O_4$ bileşiklerinin XRD toz desenleri Şekil 4.32'de verilmiştir. XRD toz desenine göre $LiMn_2O_4$ bileşiğinin safsızlık içermediği ve uzay grubu Fd3m olan kübik spinel yapıya sahip olduğu bulunmuştur.

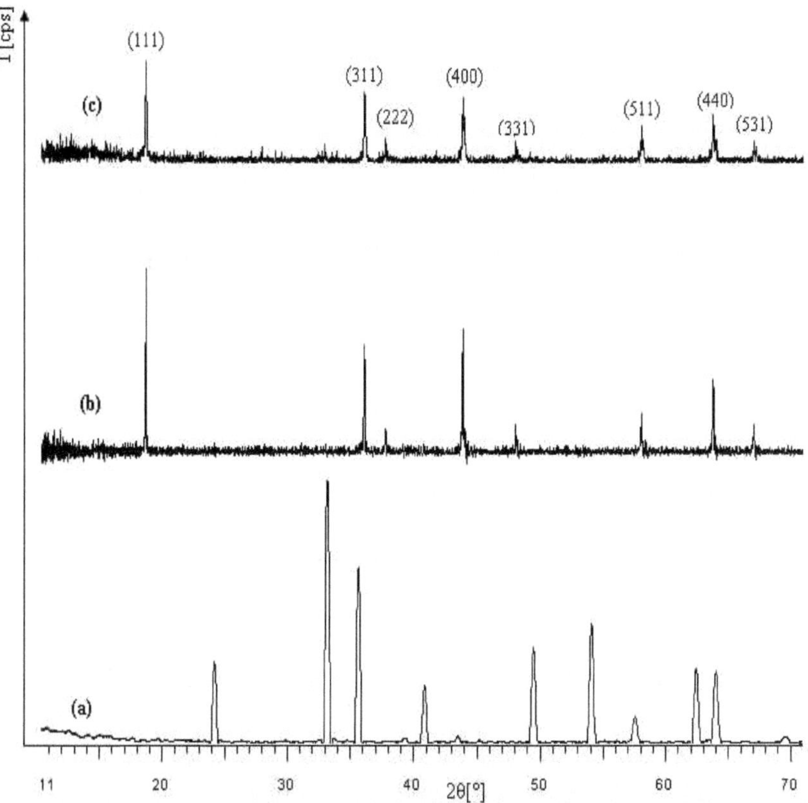

Şekil 4.32. (a) Fe_2O_3, (b) $LiMn_2O_4$ ve (c) Fe_2O_3 kaplanmış $LiMn_2O_4$ bileşiklerinin XRD toz desenleri

Aynı Şekilde Fe_2O_3 kaplanmış $LiMn_2O_4$ bileşiğinin XRD toz deseninin (Şekil 4.32.(c)) safsızlık içermediği ve anaç bileşiğin toz desenine benzediği görülmektedir. Keskin pikler, anaç $LiMn_2O_4$ bileşiğinin kristal özelliğinin Fe_2O_3 kaplanmış $LiMn_2O_4$ bileşiğinin kristal özelliğinden daha fazla olduğunu göstermektedir. $LiMn_2O_4$ ve Fe_2O_3 kaplanmış $LiMn_2O_4$ bileşiklerinin toz desenlerinden hesaplanan birim hücre boyutu değerleri sırası ile a = 8.246 Å ve a = 8.233 Å bulunmuş olup literatür değeri ile uyumludur [121]. Ancak Fe_2O_3 kaplanmış $LiMn_2O_4$ bileşiğinin birim hücre boyutunun anaç $LiMn_2O_4$ bileşiğinin birim hücre boyutundan farklı olması, Fe_2O_3 bileşiğindeki Fe^{3+} iyonunun bir kısmının $LiMn_2O_4$ spinel bileşiğinin yapısına girdiğini göstermektedir. Anaç bileşiğin yapısında bulunan mangan iyonu yerine yarıçapı daha küçük olan başka bir katyonun geçmesi durumunda kristalin birim hücre boyutunun küçülmesi beklenir [127]. Tablo 4.2'de görüldüğü gibi Fe^{3+} iyonunun yarıçapı (0.55 Å), Mn^{3+} iyonunun yarıçapından (0.65 Å) çok daha küçüktür. Fe_2O_3 kaplanmış $LiMn_2O_4$ bileşiğinin toz deseninde Fe_2O_3 bileşiğine ait bir pikin gözlenmemesi, kaplama için kullanılan Fe_2O_3 miktarının %1 gibi küçük bir değerde olmasından kaynaklanmaktadır.

Anaç $LiMn_2O_4$ bileşiği ve Fe_2O_3 kaplanmış $LiMn_2O_4$ bileşiğinin SEM görüntüleri Şekil 4.33'de verilmiştir. Kaplamasız $LiMn_2O_4$ bileşiğinin SEM görüntüsü (Şekil 4.33.(a)), Fe_2O_3 kaplanmış $LiMn_2O_4$ bileşiğinin SEM görüntüsü (Şekil 4.33.(b)) ile karşılaştırıldığında; kaplamasız $LiMn_2O_4$ taneciklerinin birbirinden ayrı ve yüzeylerinin düz olmasına karşın, Fe_2O_3 kaplanmış $LiMn_2O_4$ taneciklerinin topaklaşmış ve yüzeylerinin pürüzlü olduğu görülmektedir. Şekil 4.34'de Fe_2O_3 kaplanmış $LiMn_2O_4$ bileşiğinin SEM-EDX mikroskobu kullanılarak alınmış olan demir haritası görülmektedir. Demir haritasına göre $LiMn_2O_4$ tanecik yüzeylerinde demir dağılımının yeteri kadar homojen olduğu ve $LiMn_2O_4$ taneciklerinin Fe_2O_3 ile başarılı bir Şekilde kaplandığı anlaşılmaktadır

Şekil 4.33. (a,c) Anaç $LiMn_2O_4$ bileşiği ve (b,d) Fe_2O_3 kaplanmış $LiMn_2O_4$ bileşiğinin SEM görüntüleri

Şekil 4.34. Fe_2O_3 kaplanmış $LiMn_2O_4$ tanecik yüzeyinin demir haritası

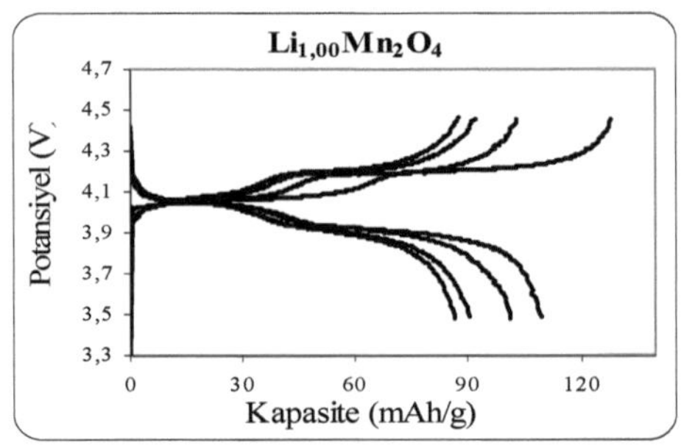

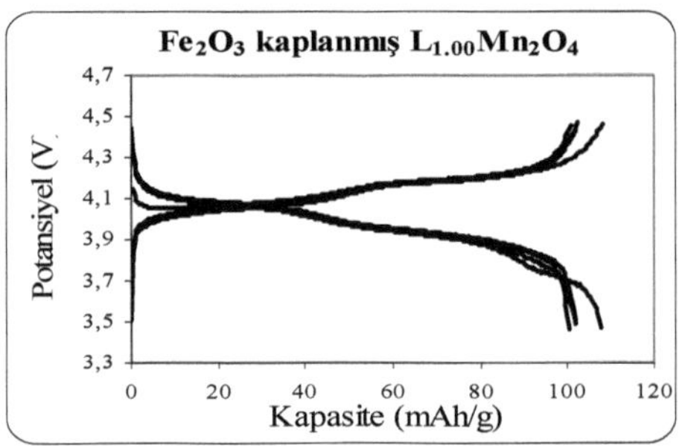

Şekil 4.35. Anaç $LiMn_2O_4$ bileşiği ve Fe_2O_3 kaplanmış $LiMn_2O_4$ bileşiğinin şarj/deşarj eğrileri. 148 mAh g^{-1} (= 1 C) akım yoğunluğu ve anot olarak lityum metali kullanıldı.

Li | 1 M $LiPF_6$(EC-DEC) | $LiMn_2O_4$ ve Fe_2O_3 kaplanmış $LiMn_2O_4$ pilinin 148 mA g^{-1} (= 1 C) akım yoğunluğu ve 3.5 - 4.5 V potansiyel aralığında dolma ve boşalma eğrileri Şekil 4.35'de verilmiştir. Şekil 4.35'de $Mn^{3+/4+}$ redoks çiftine ait yaklaşık 4.0 V ve 4.1 V değerlerinde olmak üzere iki voltaj platosu olduğu ve iki platolu yapının her iki bileşik için 30 döngü boyunca korunduğu görülmektedir.

Tablo 4.9. Anaç $LiMn_2O_4$ bileşiği ve Fe_2O_3 kaplanmış $LiMn_2O_4$ bileşiğinin deşarj kapasitesi ve kapasite kayıp oranları

Katot aktif madde	Başlangıç deşarj kapasitesi (mAh g^{-1})	30. Döngüde deşarj kapasitesi (mAh g^{-1})	30 Döngüde kapasite kaybı (%)
$LiMn_2O_4$	109.4	86.6	%20.8
Fe_2O_3 kaplanmış $LiMn_2O_4$	107.7	100.5	%6.8

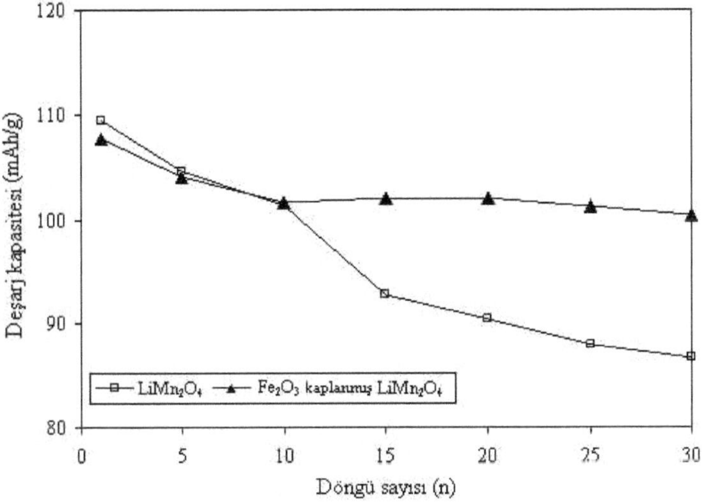

Şekil 4.36. Anaç $LiMn_2O_4$ bileşiği ve Fe_2O_3 kaplanmış $LiMn_2O_4$ bileşiğinin deşarj kapasitesinin döngü sayısı ile değişimi

Anaç $LiMn_2O_4$ bileşiği ve Fe_2O_3 kaplanmış $LiMn_2O_4$ bileşiklerinin deşarj kapasitesinin döngü sayısı ile değişimi Şekil 4.36'da verilmiştir. Değişik döngü sayıları için hesaplanmış deşarj kapasitesi ve kapasite kayıp oranları Tablo 4.9'da verilmiştir. Şekil 4.36 ve Tablo 4.9'da görüldüğü gibi Fe_2O_3 kaplanmış $LiMn_2O_4$ bileşiğin başlangıç deşarj kapasitesinin (107.7 mAh g^{-1}) anaç bileşiğin, $LiMn_2O_4$, başlangıç deşarj kapasitesinden (109.4 mAh g^{-1}) daha düşük olduğu bulunmuştur. Bunun nedeni, Fe_2O_3 kaplamasının lityum iyonlarının spinel yapıya girmesi ve spinel yapıdan ayrılmasını kısıtlayan bir bariyer oluşturmasıdır [98-100,135].

Şekil 4.36 ve Tablo 4.9'da görüldüğü gibi, 1 C akım yoğunluğu ve 3.5 - 4.5 V voltaj aralığında $LiMn_2O_4$ anaç bileşiğinin başlangıç kapasitesi 109.4 mAh g^{-1} iken 30 döngü sonunda %20.8 kayıpla 86.6 mAh g^{-1} değerine düşmüştür. Diğer yandan aynı şartlar altında, Fe_2O_3 kaplanmış $LiMn_2O_4$ bileşiğinin kapasite kaybının anaç bileşiğe kıyasla çok daha düşük olduğu bulunmuştur. Fe_2O_3 kaplanmış $LiMn_2O_4$ bileşiğinin başlangıç deşarj kapasitesi 107.7 mAh g^{-1} iken 30 döngü sonunda %6.8 kayıpla 100.5 mAh g^{-1}

değerine düşmüştür. Bu durum, Fe_2O_3 kaplamanın kapasite kaybını azalttığını göstermektedir.

4.2.6. Bakır Kaplanmış $LiMn_2O_4$

Elementel analiz sonuçlarına göre, anaç $LiMn_2O_4$ bileşiği ve bakır kaplanmış $LiMn_2O_4$ bileşiğinin elementel bileşiminin hedeflenen bileşime yakın olduğu bulunmuştur.

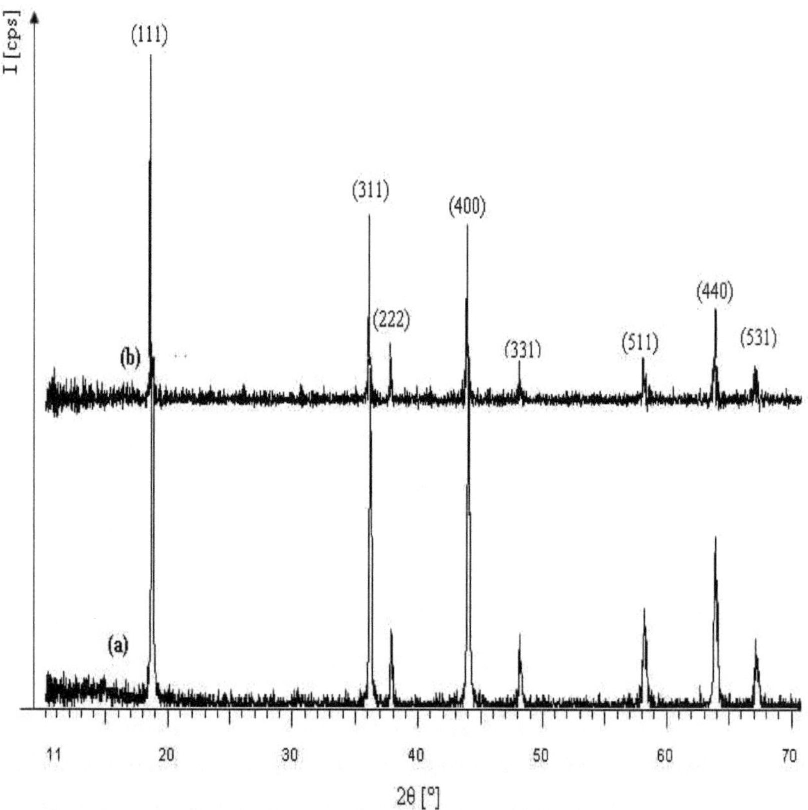

Şekil 4.37. (a) $LiMn_2O_4$, (b) Bakır kaplanmış $LiMn_2O_4$ bileşiklerinin XRD toz desenleri

$LiMn_2O_4$ ve bakır kaplanmış $LiMn_2O_4$ bileşiklerinin XRD toz desenleri Şekil 4.37'de verilmiştir. XRD toz desenine (Şekil 4.37.(a)) göre $LiMn_2O_4$ bileşiğinin safsızlık içermediği ve uzay grubu Fd3m olan kübik spinel yapıya sahip olduğu bulunmuştur. Aynı Şekilde bakır kaplanmış $LiMn_2O_4$ bileşiğinin XRD toz deseninin (Şekil 4.37 (b)) safsızlık içermediği ve anaç bileşiğin toz desenine benzediği görülmektedir. Anaç $LiMn_2O_4$ bileşiği ve bakır kaplanmış $LiMn_2O_4$ bileşiğinin toz desenlerinden hesaplanan birim hücre boyutu değerleri sırasıyla a = 8.239 Å ve a = 8.244 Å bulunmuş olup literatür değeri ile uyumludur [121]. Bakır kaplanmış $LiMn_2O_4$ bileşiğinin toz deseninde bakıra ait bir pikin gözlenmemesinin nedeni kaplama için kullanılan bakır miktarının küçük olmasıdır.

Anaç bileşik $LiMn_2O_4$ ve bakır kaplanmış $LiMn_2O_4$ bileşiğinin SEM görüntüleri Şekil 4.38'de verilmiştir. Kaplamasız $LiMn_2O_4$ bileşiğinin SEM görüntüsü (Şekil 4.38.(a)), bakır kaplanmış $LiMn_2O_4$ bileşiğinin SEM görüntüsü (Şekil 4.38.(b)) ile karşılaştırıldığında; aralarında önemli bir farkın olmadığı görülmektedir.

Şekil 4.38. (a) $LiMn_2O_4$, (b) Bakır kaplanmış $LiMn_2O_4$ bileşiklerinin SEM görüntüleri

.

Şekil 4.39'da SEM-EDX mikroskobu ile alınmış olan bakır kaplanmış $LiMn_2O_4$ tanecik yüzeyinin bakır haritası görülmektedir. Bakır haritasına göre $LiMn_2O_4$ tanecik yüzeylerinde bakır dağılımının yeteri kadar homojen olduğu ve $LiMn_2O_4$ taneciklerinin bakır ile başarılı bir Şekilde kaplandığı anlaşılmaktadır

Şekil 4.39. Bakır kaplanmış $LiMn_2O_4$ tanecik yüzeyinin SEM- EDX mikroskobu ile alınmış bakır haritası

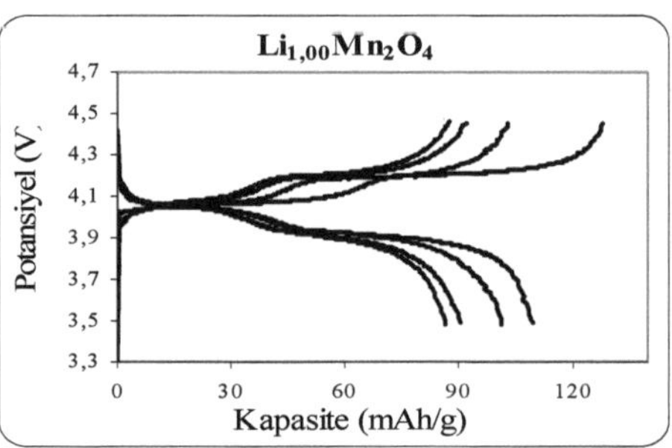

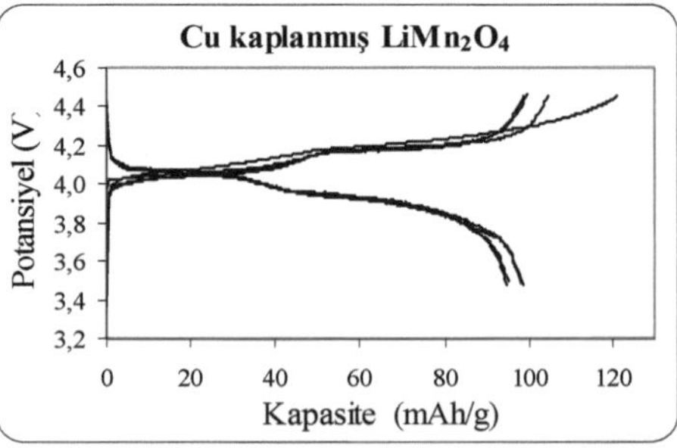

Şekil 4.40. Anaç $LiMn_2O_4$ bileşiği ve bakır kaplanmış $LiMn_2O_4$ bileşiğinin şarj/deşarj eğrileri. 148 mAh g^{-1} (= 1 C) akım yoğunluğu ve anot olarak lityum metali kullanıldı.

Li | 1 M $LiPF_6$(EC-DEC) | $LiMn_2O_4$ ve bakır kaplanmış $LiMn_2O_4$ pilinin 148 mA g^{-1} (= 1 C) akım yoğunluğu ve 3.5 - 4.5 V potansiyel aralığında dolma ve boşalma eğrileri Şekil 4.39'da verilmiştir. Şekil 4.40'da $Mn^{3+/4+}$ redoks çiftine ait yaklaşık 4.0 V ve 4.1 V değerlerinde olmak üzere iki voltaj platosu olduğu ve iki platolu yapının her iki bileşik için 30 döngü boyunca korunduğu görülmektedir.

Anaç $LiMn_2O_4$ bileşiği ve bakır kaplanmış $LiMn_2O_4$ bileşiğinin deşarj kapasitesinin döngü sayısı ile değişimi Şekil 4.41'de verilmiştir. Değişik döngü sayısı için hesaplanmış deşarj kapasitesi ve kapasite kayıp oranları Tablo 4.10'da verilmiştir.

Şekil 4.41 ve Tablo 4.10'da görüldüğü gibi bakır kaplanmış $LiMn_2O_4$ bileşiğinin başlangıç deşarj kapasitesinin (99.5 mAh g^{-1}) anaç bileşiğin, $LiMn_2O_4$, başlangıç deşarj kapasitesinden (109.4 mAh g^{-1}) daha düşük olduğu bulunmuştur. Bunun nedeni, bakır kaplamasının lityum iyonlarının spinel yapıya girmesi ve spinel yapıdan ayrılmasını kısıtlayan bir bariyer oluşturmasıdır [98-100,135,136]. Şekil 4.41 ve Tablo 4.10'da görüldüğü gibi, 1 C akım yoğunluğu ve 3.5 - 4.5 V voltaj aralığında anaç $LiMn_2O_4$ bileşiğin başlangıç kapasitesi 109.4 mAh g^{-1} iken 25 döngü sonunda %19.7 kayıpla 87.9 mAh g^{-1} değerine düşmüştür. Diğer yandan aynı şartlar altında, bakır kaplanmış $LiMn_2O_4$ bileşiğinin kapasite kaybının anaç bileşiğe kıyasla çok daha düşük olduğu bulunmuştur. Bakır kaplanmış $LiMn_2O_4$ bileşiğinin başlangıç deşarj kapasitesi 99.5 mAh g^{-1} iken 25 döngü sonunda %4.7 kayıpla 94.8 mAh g^{-1} değerine düşmüştür. Bu sonuç, bakır kaplamanın kapasite kaybını azalttığını göstermektedir.

Tablo 4.10. Anaç $LiMn_2O_4$ bileşiği ve bakır kaplanmış $LiMn_2O_4$ bileşiğinin deşarj kapasitesi ve kapasite kayıp oranları

Katot aktif madde	Başlangıç deşarj kapasitesi (mAh g^{-1})	25. Döngüde deşarj kapasitesi (mAh g^{-1})	25 Döngüde kapasite kaybı (%)
$LiMn_2O_4$	109.4	87.9	%19.7
Bakır kaplanmış $LiMn_2O_4$	99.5	94.8	%4.7

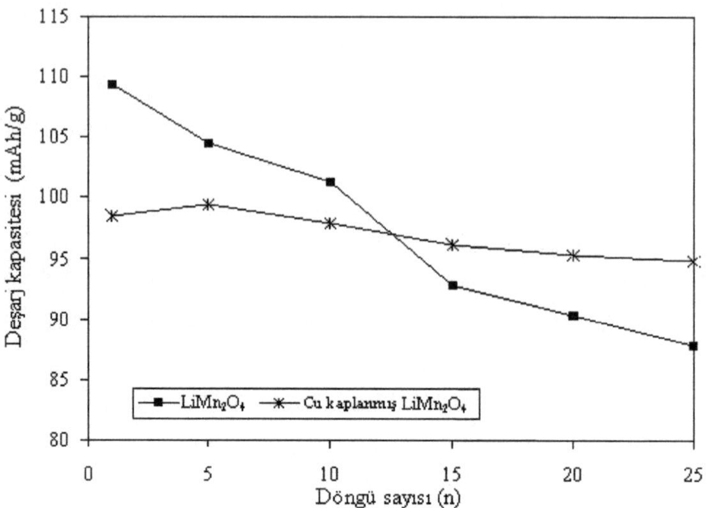

Şekil 4.41. Anaç $LiMn_2O_4$ bileşiği ve bakır kaplanmış $LiMn_2O_4$ bileşiğinin deşarj kapasitesinin döngü sayısı ile değişimi

4.2.7. Au-Pd Kaplanmış $LiMn_2O_4$

Elementel analiz sonuçlarına göre, anaç $LiMn_2O_4$ bileşiği ve bakır kaplanmış $LiMn_2O_4$ bileşiğinin elementel bileşiminin hedeflenen bileşime yakın olduğu bulunmuştur.

$LiMn_2O_4$ bileşiği ve Au-Pd kaplanmış $LiMn_2O_4$ bileşiğinin XRD toz deseni Şekil 4.42'de verilmiştir. XRD toz desenine (Şekil 4.42.(a)) göre $LiMn_2O_4$ bileşiğinin safsızlık içermediği ve uzay grubu Fd3m olan kübik spinel yapıya sahip olduğu bulunmuştur. Aynı Şekilde bakır kaplanmış $LiMn_2O_4$ bileşiğinin XRD toz desenine göre (Şekil 4.42.(b)) safsızlık içermediği ve anaç bileşiğin toz desenine benzediği görülmektedir. Anaç $LiMn_2O_4$ bileşiği ve Au-Pd kaplanmış $LiMn_2O_4$ bileşiğinin toz desenlerinden hesaplanan birim hücre boyutu değerleri sırasıyla a = 8.239 Å ve a = 8.235 Å bulunmuş olup literatür değeri ile uyumludur [121]. Au-Pd kaplanmış $LiMn_2O_4$ bileşiğinin toz deseninde Au-Pd alaşımına ait bir pikin gözlenmemesinin nedeni, kaplama için kullanılan Au-Pd alaşım miktarının küçük olmasıdır.

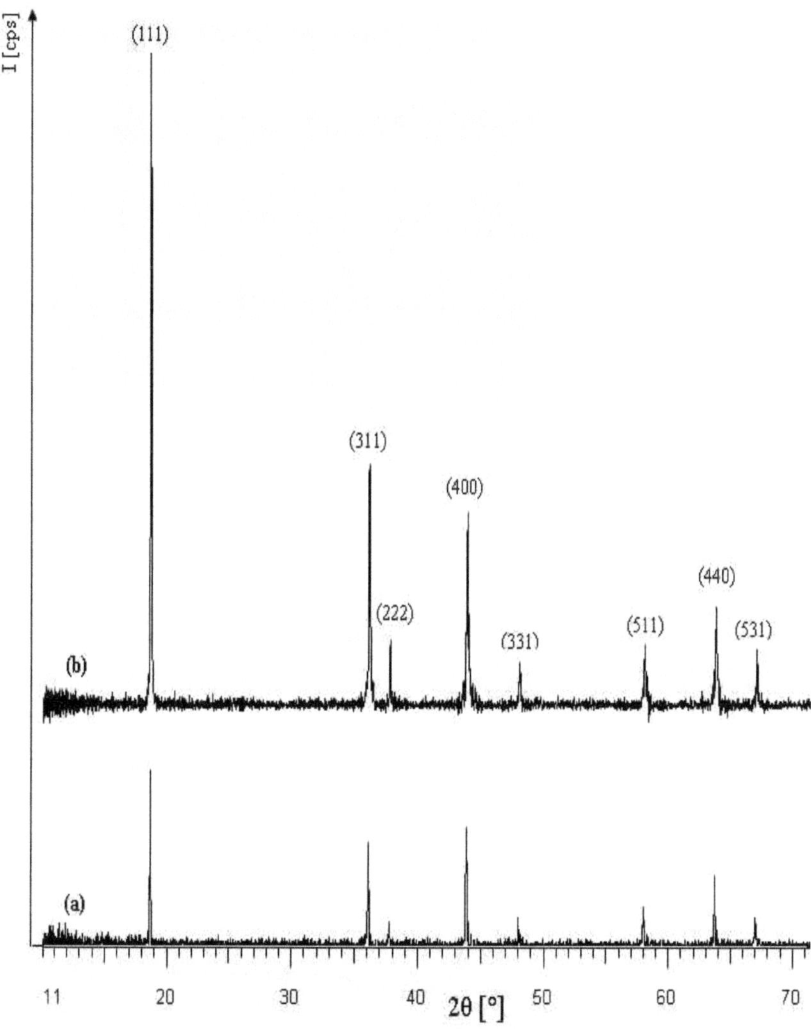

Şekil 4.42. (a) $LiMn_2O_4$ bileşiği, (b) Au-Pd kaplanmış $LiMn_2O_4$ bileşiğinin XRD toz deseni

Şekil 4.43'de SEM-EDX mikroskobu ile alınmış olan Au-Pd kaplanmış $LiMn_2O_4$ tanecik yüzeyinin altın haritası görülmektedir. Altın haritasına göre $LiMn_2O_4$ tanecik yüzeylerinde altın dağılımının yeteri kadar homojen olduğu ve $LiMn_2O_4$ taneciklerinin Au-Pd ile başarılı bir Şekilde kaplandığı anlaşılmaktadır.

Şekil 4.43. Au-Pd kaplanmış $LiMn_2O_4$ tanecik yüzeyinin SEM- EDX mikroskobu ile alınmış altın haritası

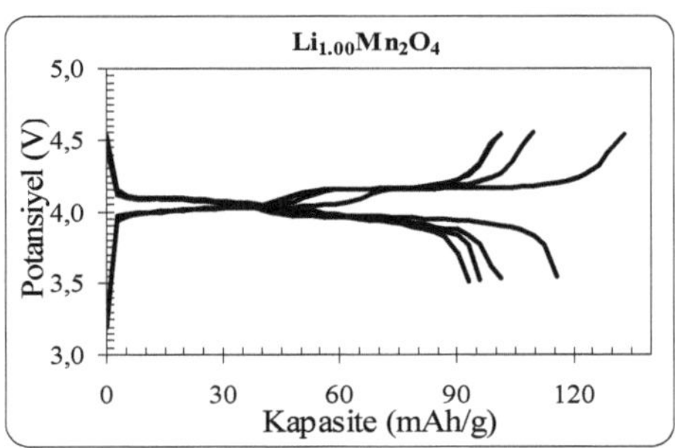

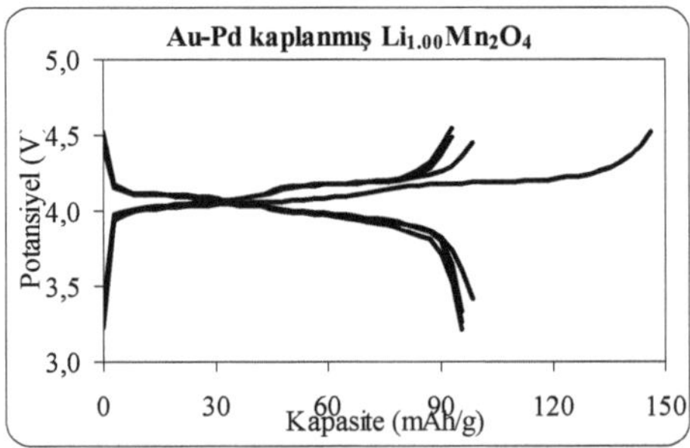

Şekil 4.44. Anaç $LiMn_2O_4$ bileşiği ve Au-Pd kaplanmış $LiMn_2O_4$ bileşiğinin şarj/deşarj eğrileri. 148 mAh g^{-1} (= 1 C) akım yoğunluğu ve anot olarak lityum metali kullanıldı.

Li | 1 M $LiPF_6$(EC-DEC) | $LiMn_2O_4$ ve Au-Pd kaplanmış $LiMn_2O_4$ pilinin 148 mA g^{-1} (= 1 C) akım yoğunluğu ve 3.5 - 4.5 V potansiyel aralığında dolma ve boşalma eğrileri Şekil 4.44'de verilmiştir. Şekil 4.44'de $Mn^{3/4+}$ redoks çiftine ait yaklaşık 4.0 V ve 4.1 V değerlerinde olmak üzere iki voltaj platosu olduğu ve iki platolu yapının her iki bileşik için 30 döngü boyunca korunduğu görülmektedir.

Anaç $LiMn_2O_4$ bileşiği ve Au-Pd kaplanmış $LiMn_2O_4$ bileşiğinin deşarj kapasitesinin döngü sayısı ile değişimi Şekil 4.45'de verilmiştir. Değişik döngü sayıları için hesaplanmış deşarj kapasitesi ve kapasite kayıp oranları Tablo 4.11'de verilmiştir. Şekil 4.45 ve Tablo 4.11'de görüldüğü gibi Au-Pd kaplanmış $LiMn_2O_4$ bileşiğinin başlangıç deşarj kapasitesinin (98.4 mAh g^{-1}) anaç bileşiğin, $LiMn_2O_4$, başlangıç deşarj kapasitesinden (115.4 mAh g^{-1}) daha düşük olduğu bulunmuştur. Bunun nedeni, Au-Pd alaşımı kaplamnın lityum iyonlarının spinel yapıya girmesi ve spinel yapıdan ayrılmasını kısıtlayan bir bariyer oluşturmasıdır [135,136]. Şekil 4.45 ve Tablo 4.11'de görüldüğü gibi, 1 C akım yoğunluğu ve 3.5-4.5 V voltaj aralığında anaç $LiMn_2O_4$ bileşiğinin başlangıç kapasitesi 115.4 mAh g^{-1} iken 30 döngü sonunda %19.6 kayıpla 92.8 mAh g^{-1} değerine düşmüştür. Diğer yandan aynı şartlar altında, Au-Pd kaplanmış $LiMn_2O_4$ bileşiğinin kapasite kaybının anaç bileşiğe kıyasla çok daha düşük olduğu bulunmuştur. Au-Pd kaplanmış $LiMn_2O_4$ bileşiğinin başlangıç deşarj kapasitesi 98.4 mAh g^{-1} iken 30 döngü sonunda %2.8 kayıpla 95.6 mAh g^{-1} değerine düşmüştür. Bu sonuç, Au-Pd kaplamanın kapasite kaybını azalttığını göstermektedir

Tablo 4.11. Anaç $LiMn_2O_4$ bileşiği ve Au-Pd kaplanmış $LiMn_2O_4$ bileşiğinin deşarj kapasitesi ve kapasite kayıp oranları

Katot aktif madde	Başlangıç deşarj kapasitesi (mAh g^{-1})	30. Döngüde deşarj kapasitesi (mAh g^{-1})	30 Döngüde kapasite kaybı (%)
$LiMn_2O_4$	115.4	92.8	%19.6
Au-Pd kaplanmış $LiMn_2O_4$	98.4	95.6	%2.8

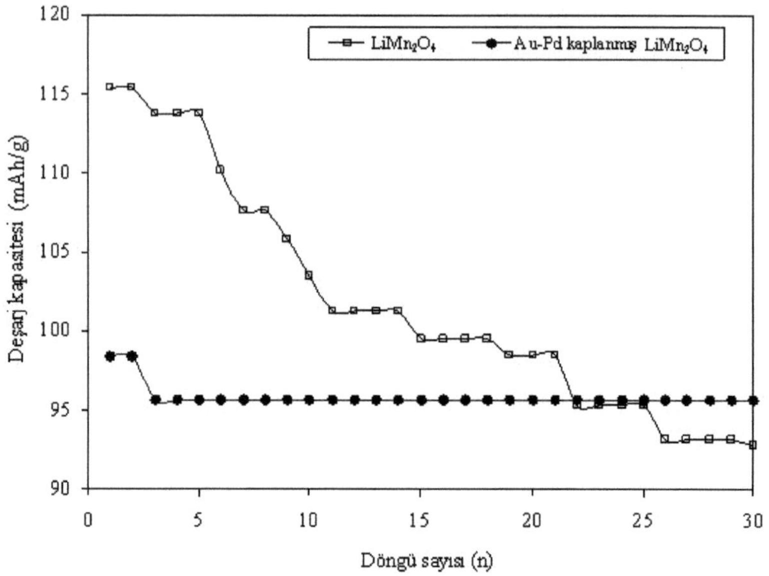

Şekil 4.45. Anaç $LiMn_2O_4$ bileşiği ve Au-Pd kaplanmış $LiMn_2O_4$ bileşiğinin deşarj kapasitesinin döngü sayısı ile değişimi

5.BÖLÜM

SONUÇLAR

5.1. Metal Katkılı Spinel $LiM_xMn_{2-x}O_4$ Bileşikleri

Bu çalışmada anaç $LiMn_2O_4$ ve metal katkılı $LiM_xMn_{2-x}O_4$ (M = Al, Ni, Co, Mg, Cu, Zn ve Sr, x = 0.0, 0.05 ve 0.10) bileşikleri glisin nitrat yakma yöntemi ile başarılı bir şekilde sentezlendi.

Sentezlenen bileşiklerin deneysel bileşimlerinin teorik bileşime yakın oldukları bulundu. Bileşiklerin XRD toz desenlerine göre safsızlık içermedikleri ve uzay grubu Fd3m olan kübik spinel yapıya sahip olduğu bulundu. XRD toz desenlerinden hesaplanan kübik birim hücre boyutu değerlerine göre metal katkılı bileşiklerin birim hücre boyutlarının anaç bileşiğin birim hücre boyutuna göre daha küçük olduğu bulundu.

Dört uçlu iletkenlik ölçüm cihazı (dört nokta DC) ile oda sıcaklığında yapılan iletkenlik ölçümlerine göre katkılı bileşiklerin iletkenliklerinin anaç bileşiğe göre daha büyük olduğu bulundu. Metal katkılama ile elektronik iletkenlikteki artış, birim hücre boyutunun küçülmesinin bir sonucudur.

Anaç ve metal katkılı bileşiklerin SEM görüntüleri incelendiğinde tanecik boyutlarında ve yüzey morfolojisinde önemli bir değişikliğin olmadığı görüldü.

Li | 1 M $LiPF_6$ (EC-DEC) | $LiMn_{2-x}M_xO_4$ (M = Al, Ni, Co, Mg, Cu, Zn ve Sr, x = 0.0, 0.05 ve 0.10) pilinin 148 mA g^{-1} (= 1 C) akım yoğunluğu ve 3.5 - 4.5 V potansiyel aralığında dolma ve boşalma eğrileri incelendiğinde $Mn^{3+/4+}$ redoks çiftine ait yaklaşık

4.0 V ve 4.1 V değerlerinde iki voltaj platosu olduğu ve iki platolu yapının tüm bileşikler için 30 döngü boyunca korunduğu bulunmuştur.

Elektrokimyasal ölçümler sonucunda elde edilen verilerden anaç ve metal katkılı bileşiklerin başlangıç deşarj kapasitesi, döngü sonundaki deşarj kapasiteleri ve kapasite kayıp oranları Tablo 5.1'de verilmiştir. Katkılı bileşiklerin başlangıç deşarj kapasiteleri anaç bileşiğinkine göre daha küçüktür. Buna rağmen katkılı bileşiklerin 30 döngü sonundaki kapasite kayıpları anaç bileşiğinkine kıyasla daha küçüktür. Bunlardan $Li_{0.99}Mn_{1.90}Al_{0.09}O_4$ ve $Li_{1.00}Mn_{1.95}Sr_{0.05}O_4$ bileşiklerinin kapasite kaybı en düşük düzeyde olup sırasıyla %2.7 ve %2.8 dir.

Tablo 5.1. $LiM_xMn_{2-x}O_4$ (M = Al, Ni, Co, Mg, Cu, Zn ve Sr, x = 0.0, 0.05 ve 0.10) bileşiklerinin başlangıç deşarj kapasitesi, 30. döngüdeki deşarj kapasitesi ve kapasite kayıp oranları

Bileşim	Başlangıç deşarj kapasitesi (mAh g^{-1})	30. döngüde deşarj kapasitesi (mAh g^{-1})	30 döngüde kapasite kaybı (%)
$Li_{0.98}Mn_{1.99}O_4$	109.4	86.4	21.0
$Li_{0.99}Mn_{1.94}Ni_{0.05}O_4$	94.3	90.6	3.9
$Li_{1.00}Mn_{1.94}Co_{0.05}O_4$	106.3	99.5	6.4
$Li_{0.98}Mn_{1.94}Al_{0.05}O_4$	103.8	99.3	4.3
$Li_{0.99}Mn_{1.94}Mg_{0.04}O_4$	102.4	91.8	10.3
$Li_{0.98}Mn_{1.94}Cu_{0.05}O_4$	94.3	88.6	6.0
$Li_{1.00}Mn_{1.94}Zn_{0.04}O_4$	83.6	80.3	3.9
$Li_{1.00}Mn_{1.95}Sr_{0.05}O_4$	106.0	103.1	2.7
$Li_{1.00}Mn_{1.90}Ni_{0.09}O_4$	83.5	74.6	10.6
$Li_{0.99}Mn_{1.90}Co_{0.09}O_4$	87.9	83.3	5.2
$Li_{0.99}Mn_{1.90}Al_{0.09}O_4$	86.7	84.3	2.8
$Li_{0.99}Mn_{1.91}Mg_{0.09}O_4$	79.5	72.6	8.7
$Li_{0.99}Mn_{1.90}Cu_{0.10}O_4$	94.0	87.2	7.8

Katkılanmış bileşiklerde kapasite kaybının daha düşük olması, Jahn-Teller etkisinin azalması ve kristal yapının daha kararlı hale gelmesi ile açıklanabilir. d^4 elektron dizilişine sahip Mn^{3+} iyonları sekizyüzlü kristal alanda Jahn-Teller bozulmasına neden olmaktadır. Katkılama sonucu $M^{2,3+}$ iyonları Mn^{3+} iyonları yerine geçerek Jahn-Teller etkisine neden olan Mn^{3+} miktarı azalmaktadır. Diğer yandan Al-O, Ni-O, Co-O, Mg-O ve Sr-O bağlarının sekizyüzlü konumdaki bağ enerjisi değerleri Mn-O bağ enerjisi değerinden daha büyüktür ve Al, Ni, Co, Mg ve Sr katkılama ile kristal yapı daha kararlı hale gelmiştir.

5.2. Metal Oksit ve Metal Kaplanmış $LiMn_2O_4$

Bu çalışmada daha önce sentezlenmiş olan $LiMn_2O_4$ bileşiği $Li_2O.2B_2O_3$, Cr_2O_3, $CaCO_3$, lityum boro silikat, Fe_2O_3, Cu ve Au-Pd ile başarılı bir şekilde kaplanmıştır.

Elementel analiz sonuçlarına göre anaç $LiMn_2O_4$ bileşiği ve metal ve metal oksit kaplanmış $LiMn_2O_4$ bileşiğinin elementel bileşiminin hedeflenen bileşime çok yakın olduğu bulunmuştur.

XRD toz desenine göre $LiMn_2O_4$ bileşiğinin safsızlık içermediği ve uzay grubu Fd3m olan kübik spinel yapıya sahip olduğu bulunmuştur. Aynı şekilde metal ve metal oksit kaplanmış bileşiğin XRD toz deseninin safsızlık içermediği ve anaç bileşiğin toz desenine benzediği bulunmuştur. Anaç $LiMn_2O_4$ bileşiği ve metal ve metal oksit kaplanmış $LiMn_2O_4$ bileşiğinin birim hücre boyutları Tablo 5.2'de verilmiştir.

Tablo 5.2. Anaç $LiMn_2O_4$ bileşiği ve metal oksit, metal kaplanmış $LiMn_2O_4$ bileşiğinin birim hücre boyutları

Bileşik	Birim hücre boyutları (Å)
$LiMn_2O_4$/ LBO kaplanmış $LiMn_2O_4$	8.239/ 8.239
$LiMn_2O_4$/Cr_2O_3 kaplanmış $LiMn_2O_4$	8.239/ 8.240
$LiMn_2O_4$/$CaCO_3$ kaplanmış $LiMn_2O_4$	8.246/ 8.243
$LiMn_2O_4$/ Lityum boro silikat kaplanmış $LiMn_2O_4$	8.232/ 8.239
$LiMn_2O_4$/ Fe_2O_3 kaplanmış $LiMn_2O_4$	8.246/ 8.233
$LiMn_2O_4$/Cu kaplanmış $LiMn_2O_4$	8.239/ 8.244
$LiMn_2O_4$/Au-Pd kaplanmış $LiMn_2O_4$	8.239/ 8.235

Fe_2O_3 kaplanmış $LiMn_2O_4$ bileşiği dışında, metal ve metal oksit kaplanmış $LiMn_2O_4$ bileşiğinin birim hücre boyutunun anaç $LiMn_2O_4$ bileşiğin birim hücre boyutuna yakın olması, kaplama maddesinin $LiMn_2O_4$ taneciklerinin yüzeyinde kaldığını ve spinel bileşiğin yapısına girmediğini göstermektedir. Zira kaplama maddesindeki ilgili metal katyonları, spinel yapıdaki bir kısım Mn^{3+} iyonları ile yer değiştirmiş olsaydı birim hücre boyutunun önemli ölçüde küçülmesi beklenirdi. Fe_2O_3 kaplanmış $LiMn_2O_4$ bileşiğinin birim hücre boyutunun anaç $LiMn_2O_4$ bileşiğinin birim hücre boyutundan farklı olması, Fe_2O_3 bileşiğindeki Fe^{3+} iyonunun bir kısmının $LiMn_2O_4$ spinel bileşiğinin yapısına girdiğini göstermektedir. Anaç bileşiğin yapısında bulunan mangan iyonu yerine yarıçapı daha küçük olan başka bir katyonun geçmesi durumunda kristalin birim hücre boyutunun küçülmesi beklenir.

Anaç $LiMn_2O_4$ bileşiği ile metal ve metal oksit kaplanmış $LiMn_2O_4$ bileşiğinin SEM görüntüleri karşılaştırıldığında kaplamasız $LiMn_2O_4$ taneciklerinin birbirinden ayrı ve yüzeylerinin düz olmasına karşın, kaplanmış $LiMn_2O_4$ taneciklerinin topaklaşmış ve yüzeylerinin pürüzlü olduğu bulunmuştur. Ayrıca çözelti yöntemi ile kaplamanın katı hal yöntemine göre daha homojen olduğu bulunmuştur.

Metal ve metal oksit kaplanmış $LiMn_2O_4$ bileşiğinin SEM-EDX mikroskobu ile alınan krom, kalsiyum, silisyum, demir, bakır ve altın haritasına göre bu metallerin $LiMn_2O_4$ tanecik yüzeylerinde homojen dağıldığı ve dolayısı ile $LiMn_2O_4$ tanecik yüzeylerinin Cr_2O_3, $CaCO_3$, lityum boro silikat, Fe_2O_3, Cu ve Au-Pd maddeleri ile başarılı bir şekilde kaplandığı bulunmuştur.

Li | 1M $LiPF_6$(EC-DEC) | $LiMn_2O_4$, metal ve metal oksit kaplanmış $LiMn_2O_4$ pillerinin 148 mA g^{-1} (= 1 C) akım yoğunluğu ve 3.5 - 4.5 V potansiyel aralığında dolma ve boşalma eğrileri incelendiğinde $Mn^{3+/4+}$ redoks çiftine ait yaklaşık 4.0 V ve 4.1 V değerlerinde iki voltaj platosu olduğu ve iki platolu yapının tüm bileşikler için 70 döngü boyunca korunduğu bulunmuştur.

Tablo 5.3'de anaç $LiMn_2O_4$ bileşiği ve metal ve metal oksit kaplanmış $LiMn_2O_4$ bileşiğinin başlangıç ve 30 döngü sonundaki deşarj kapasitesi değerleri ile 30. döngüdeki kapasite kaybı değeri verilmiştir. Ayrıca, Tablo 5.3'de görüldüğü gibi farklı metal oksit ve metal kaplı bileşiklerin kapasite kayıpları oranları da birbiri ile karşılaştırılabilmektedir.

Tablo 5.3. Anaç $LiMn_2O_4$ bileşiği ve metal ve metal oksit kaplanmış $LiMn_2O_4$ bileşiğinin deşarj kapasitesi ve kapasite kayıp oranları

Katot aktif madde	Başlangıç deşarj kapasitesi (mAh g^{-1})	30. Döngüde deşarj kapasitesi (mAh g^{-1})	30 döngüde kapasite kaybı (%)
$LiMn_2O_4$	115.4	92.8	19.6
LBO kaplanmış $LiMn_2O_4$ (çözelti yöntemi)	111.3	111.3	0.0
$LiMn_2O_4$,	115.4	92.8	19.6
LBO kaplanmış $LiMn_2O_4$ (katı hal yöntemi)	111.8	103.4	7.5
$LiMn_2O_4$	118.1	104.6	11.4 (15.5)**
Cr_2O_3 kaplanmış $LiMn_2O_4$	107.5	102.9	4.3 (5.4)**
$LiMn_2O_4$	109.4	86.6	20.8
$CaCO_3$ kaplanmış $LiMn_2O_4$	106.9	105.7	1.1 (5.3)***
$LiMn_2O_4$	118.1	104.6	11.4 (15.5)**
LBS kaplanmış $LiMn_2O_4$	107.2	106.7	0.5 (3.8)**
$LiMn_2O_4$	109.4	86.6	20.8
Fe_2O_3 kaplanmış $LiMn_2O_4$	107.7	100.5	6.8
$LiMn_2O_4$	109.4	87.9	19.7*
Bakır kaplanmış $LiMn_2O_4$	99.5	94.8	4.7*
$LiMn_2O_4$	115.4	92.8	19.6
Au-Pd kaplanmış $LiMn_2O_4$	98.4	95.6	2.8

* 25.döngüde kapasite kaybı, **70.döngüde kapasite kaybı ve *** 80.döngüde kapasite kaybı

LBO kaplanmış $LiMn_2O_4$ bileşiğinin başlangıç deşarj kapasitesi değerinin iki kaplama metodu için de aynı (112 mAh g^{-1}) olmasına rağmen kapasite kaybının oldukça farklı olduğu bulunmuştur. 30 döngü sonundaki kapasite kaybı oranlarına göre çözelti yöntemi ile LBO kaplanmış $LiMn_2O_4$ katot aktif maddesinin kapasite kaybının olmadığı bulunmuştur. Katı hal yöntemi ile LBO kaplanmış $LiMn_2O_4$ bileşiğinin kapasite kaybı ise 30 döngü sonunda %7.5 bulunmuştur. Bu sonuç, LBO kaplamada çözelti yönteminin katı hal yönteminden daha etkili olduğunu göstermektedir.

LBS ve $CaCO_3$ kaplanmış $LiMn_2O_4$ bileşiğinin 30 döngü sonunda kapasite kaybı diğer kaplamalara göre daha düşüktür ve sırasıyla %0.5 ve %1.1 bulunmuştur. Bu durum LBS ve $CaCO_3$ kaplamanın diğer kaplamalara göre daha avantajlı olduğunu göstermektedir.

Sonuç olarak metal ve metal oksit kaplamanın, $LiMn_2O_4$ spinel bileşiğinin kapasite kaybını önemli ölçüde azalttığı bulunmuştur. Bu azalma, tanecik yüzeyindeki metal ve metal oksit film tabakasının $LiMn_2O_4$ tanecik yüzeylerinin elektrolit ile doğrudan temasının engellemesinin bir sonucudur. Film tabakası, katot yüzeyindeki HF miktarını ve elektrolit ile katot aktif madde arasındaki yüzey alanını düşürerek iyileşme gerçekleşmektedir.

KAYNAKLAR

1. Linden, D. and Reddy, T. B., Editors, Handbook of Batteries, 3rd Ed. McGraw-Hill, New York, 2001.
2. Dell, R. M. and Rand D. A. J., Understanding Batteries, Royal Society of Chemistry, Cambridge, 2001.
3. Tarascon, J. M. and Armand, M., Issues and Challenges Facing Rechargeable Lithium Batteries, Nature, 414, 359-367, 2001.
4. http://en.wikipedia.org/wiki/Lithium_ion_battery, 23 June, 2009.
5. Ozawa, K., Lithium-ion rechargeable batteries with $LiCoO_2$ and carbon electrodes: the $LiCoO_2$/C system , Solid State Ionics, 69, 212-221, 1994.
6. Choi, W. C., Understanding The Capacity Fade Mechanisms of Spinel Manganese Oxide Cathodes and Improving Their Performance in Lithium Ion Batteries, Ph.D. Thesis, The University of Texas, Austin, 2007.
7. Wakihara, M., Recent Developments in Lithium Battery, Mat. Sci. Eng. A., R33, 109-134, 2001.
8. Whittingham, M. S., Jacobson, A. J., Intercalation Chemistry, Academic Press, p. 540, New York, 1982
9. Mizushima, T., et al., Li_xCoO_2 ($0<x\leq1$); A New Cathode Material for Batteries of High Energy Density, Mater. Res. Bull., 15, 783-789, 1980.
10. Dahn, J. R., et al., Rechargeable $LiNiO_2$/Carbon Cells, J. Electrochem. Soc., 138, 2207-2211, 1991.
11. Thackery, M. M., Johnson P. J., Picciotto L. A. d., Electrochemical Extraction of Lithium from $LiMn_2O_4$, Mat. Res. Bull., 19, 179-187, 1984.
12. Guyomard, D., Tarascon, J. M., Li Metal-Free Rechargeable $LiMn_2O_4$/Carbon Cells:Their Understanding and Optimization, J. Electrochem. Soc., 139, 937-948, 1992.
13. Tarascon, J. M., et al., Synthesis Conditions and Oxygen Stoichiometry Effects on Li Insertion into The Spinel $LiMn_2O_4$, J. Electrochem. Soc., 141, 1421-1431, 1994.
14. Atanasov, M., et al., Electronic Structure, Chemical Bonding, and Vibronic Coupling in Mn(IV)/Mn(III) Mixed Valent $Li_xMn_2O_4$ Spinels and Their Effect on The Dynamics of Intercalated Li: A Cluster Study Using DFT, J. Am. Chem. Soc., 122, 4178-4128, 2000.

15. Chiang, Y. M., Wang H., Jang Y. I., Electrochemically Induced Cation Disoerder and Phase Transformations in Lithium Intercalation Oxides, Chem. Mater., 13, 53-63, 2001.

16. Masquelier, C., et al., Chemical and Mgnetic Characterization of Spinel Materials in The $LiMn_2O_4$-$Li_2Mn_5O_{12}$ System, J. Solid State Chem., 123, 255-266, 1996.

17. Thackeray, M. M., Lithium Batteries An Unexpected Conductor, Nature, 1, 81-82, 2002.

18. Eriksson, T., $LiMn_2O_4$ as a Li-Ion Battery Cathode, Ph.D. Thesis, Uppsala Univesity, Uppsala, 2001.

19. Ramasamy, R. P., Materials Characterization and Aging Studies of Lithium Ion Battery System, Ph.D. Thesis, Universty of South Carolina, South Carolina, 2004

20. Dahn J. R.,von Sacken U., Michal C. A., Structure and electrochemistry of $Li_{1\pm y}NiO_2$ and a new Li_2NiO_2 phase with the Ni $(OH)_2$ structure, Solid State Ionics, 44, 87-97, 1990.

21. Thackeray, M. M., Gummow R. J., Lithium-Cobalt-Nickel-Oxide Cathode Materials Prepared at 400°C for Rechargeable Lithium Batteries, Solid State Ionics, 53-56, 681-687, 1992.

22. Rossen E., Jones C. W., Dahn, J. R., Structure and Electrochemistry of $Li_xMn_yNi_{1-y}O_2$, Solid State Ionics, 57, 311-318, 1992.

23. Delmas, C., Saadoune I., Rougier A., The Cycling Properties of the $Li_xNi_{1-y}Co_yO_2$ Electrode, J. Power Sources, 44, 595-602, 1993.

24. Ohzuku, T., et al., Comparative Study of $LiCoO_2$, $LiNi_{1/2}Co_{1/2}O_2$ and $LiNiO_2$ for 4 Volt Secondary Lithium Cells, Electrochem. Acta., 38, 1159-1167, 1993.

25. Zhecheva, E., Stoyanova, R., Stabilization of the Layered Crystal Structure of $LiNiO_2$ by Co-Substitution, Solid State Ionics, 66, 143-149, 1993.

26. Yoshio, M., et al., Preparation and Properties of $LiCo_yMn_xNi_{1-x-y}O_2$ as a Cathode for Lithium Ion Batteries, J. Power Sources, 90, 176-181, 2000.

27. Ohzuku, T., Makimura, Y., Layered Lithium Insertion Material of $LiNi_{1/2}Mn_{1/2}O_2$: A Possible Alternative to $LiCoO_2$ for Advanced Lithium-Ion Batteries, Chem. Lett., 8, 744-745, 2001.

28. Ohzuku, T., Makimura, Y., Layered Lithium Insertion Material of $LiCo_{1/3}Ni_{1/3}Mn_{1/3}O_2$ for Lithium-Ion Batteries, Chem. Lett., 7, 642-643, 2001.

29. Thackeray, M. M., et al, Lithium Insertion into Manganese Spinels, Mater. Res. Bull., 18, 461-472, 1983.

30. Jang, D. H., Shin, Y. J., Oh, S. M., Dissolution of Spinel Oxides and Capacity Losses in 4 V $Li/Li_xMn_2O_4$ Cells, J. Electrochem. Soc., 143, 2204-2211, 1996.

31. Padhi, A. K., Nanjundaswamy, K. S., Goodenough, J. B., Phospho-Olivines as Positive-Electrode Materials for Rechargeable Lithium Batteries, J. Electrochem. Soc., 144, 1188-1194, 1997.

32. Yamada A., Chung, S. C., Hinokuma K., Optimized $LiFePO_4$ for Lithium Battery Cathodes, J. Electrochem. Soc., 148, A224-229, 2001.

33. Mendiboure, A., Delmas, C., Hagenmuller, P., New Layered Structure Obtained by Electrochemical Deintercalation of the Metastable $LiCoO_2$ (O2) Variety, Mater. Res. Bull., 19, 1383-1392, 1984.

34. Reimers, J. N. and Dahn, J. R., Electrochemical and In Situ X-Ray Diffraction Studies of Lithium Intercalation in Li_xCoO_2 J. Electrochem. Soc., 139, 2091-2097, 1992.

35. Amatucci, G. G., Trascon, J. M., Klein, L. C., CoO_2, The End Member of the Li_xCoO_2 Solid Solution, J. Electrochem. Soc., 143, 1114-1123, 1996.

36. Chebiam R. V., et al., Comparison of the Chemical Stability of the High Energy Density Cathodes of Lithium-Ion Batteries, Electrochem. Commun., 3, 624-627, 2001.

37. Chebiam, R. V., Prado, F., Manthiram, A., Soft Chemistry Synthesis and Characterization of Layered $Li_{1-x}Ni_{1-y}Co_yO_{2-\delta}$ ($0 \leq x \leq 1$ and $0 \leq y \leq 1$), Chem. Matter., 13, 2951-2957, 2001.

38. Choi, J. and Manthiram, A., Role of Chemical and Structural Stabilities on the Electrochemical Properties of Layered $LiNi_{1/3}Mn_{1/3}Co_{1/3}O_2$ Cathodes, J. Electrochem. Soc., 152, A1714-A1718, 2005.

39. Choi, J. and Manthiram, A., Structural and electrochemical characterization of the layered $LiNi_{0.5-y}Mn_{0.5-y}Co_{2y}O_2$ $(0 \leq 2y \leq 1)$ cathodes, Solid State Ionics, 176, 2251-2256, 2005.

40. Zang, J., et al., Electrochemical Evaluation and Modification of Commercial Lithium Cobalt Oxide Powders, J. Power Sources, 132, 187-194, 2004.

41. Wang. Z., et al., Electrochemical Evoluation on Structural Characterization of Commercial $LiCoO_2$ Surfaces Modified With MgO for Lithium Ion Batteries, J. Electrochem. Soc., 149, A466-A471, 2002.

42. Cho, J., Kim, Y. J., Park, B., Novel $LiCoO_2$ Cathode Material with Al_2O_3 Coating for a Li Ion Cell, J. Electrochem. Soc., 148, A1110-1115, 2001.

43. Fey, G., et al., A Simple Mechano-Thermal Coating Process for Improved Lithium Battery Cathode Materials, J. Power Sources, 132, 172-180, 2004.

44. Lee, J. G., et al., Effect of $AlPO_4$-Nanoparticle Coating Concentration on High-Cutoff-Voltage Electrochemical Performances in $LiCoO_2$, J. Electrochem. Soc., 151, A801-A805, 2004.

45. Cho, J., Dependence of $AlPO_4$ Coating Thickness on Overcharge Behaviour of $LiCoO_2$ Cathode Material at 1 and 2 C Rates, J. Power Sources, 126, 186-189, 2004.

46. Cho, J. and Kim, C. S., Improvement of Structural Stability of $LiCoO_2$ Cathode during Electrochemical Cycling by Sol-Gel Coating of SnO_2, Solid State Lett., 3, 362-365, 2000.

47. Kim, J., et al., Controlled Nanoparticle Metal Phosphates (Metal=Al, Fe, Ce, and Sr) Coatings on $LiCoO_2$ Cathode Materials, J. Electrochem. Soc., 152, A1142-A1148, 2005.

48. Takahara, H., et al., All-Solid-State Lithium Secondary Battery Using Oxysulfide Glass, J. Electrochem. Soc., 151, A1539-A1544, 2004.

49. Morales, J., Perez-Vincente, C., Tirado, J. L., Cation Distribution and Chemical Deintercalation of $Li_{1-x}Ni_{1+x}O_2$, Mat. Res. Bull., 12, 741-744, 1990.

50. Ying, J., Wan, C., Jiang, C., Surface Treatment of $LiNi_{0.8}Co_{0.2}O_2$ Cathode Material for Lithium Secondary Batteries, J. Power Sources, 102, 162-166, 2001.

51. Kweon, H. J., Kim, S. J., Park, D. G., Modification of $Li_xNi_{1-y}Co_yO_2$ by Applying a Surface Coating of MgO, J. Power Sources, 88, 255-261, 2000.
52. Cho. J., Kim, H., Park, B., Comparison of Overcharge Behavior of $AlPO_4$-Coated $LiCoO_2$ and $LiNi_{0.8}Co_{0.1}Mn_{0.1}O_2$ Cathode Materials in Li-Ion Cells, J. Electrochem. Soc., 151, A1707-A1711, 2004.
53. Omanda, H., et al., Improvement of the Thermal Stability of $LiNi_{0.8}Co_{0.2}O_2$ Cathode by a SiO_x Protective Coating, J. Electrochem. Soc., 151, A922-929, 2004.
54. Zhang, Z. R., et al., Electrochemical Performance and Spectroscopic Characterization of TiO_2-Coated $LiNi_{0.8}Co_{0.2}O_2$ Cathode Materials, J. Power Sources, 129, 101-106, 2004.
55. Cho, J., et al., High-Performance ZrO_2-Coated $LiNiO_2$ Cathode Material, Electrochem. Solid State Lett., 4, A159-161, 2001.
56. Patil, A., et al., Issue and Challenges Facing Rechargeable Thin Film Lithium Batteries, Mat. Res. Bull., 43, 1913-1942, 2008.
57. Cho, J., et al., Effect of Al_2O_3-Coated *o*-$LiMnO_2$ Cathodes Prepared at Various Temperatures on the 55°C Cycling Behavior, J. Electrochem. Soc., 149, A127-132, 2002.
58. Cho, J., et al., The Effect of a Metal-Oxide Coating on the Cycling Behavior at 55°C in Orthorhombic $LiMnO_2$ Cathode Materials, J. Electrochem. Soc. 149 A288-292, 2002.
59. Yang, S., et al., Reactivity, Stability and Electrochemical Behavior of Lithium Iron Phosphates, Electrochem. Commun., 4, 239-244, 2002.
60. Yang, S. and Whittingham M. S., Hydrothermal Synthesis of Lithium Iron Phospate, Electrochem. Commun., 8, 855-858, 2006.
61. Fu, L.J., et al., Surface Modifications of Electrode Materials for Lithium Ion Batteries, Solid State Sci., 8, 113-128, 2006.
62. Prosini, P. P., et al., $Li_4Ti_5O_{12}$ as Anode in All-Solid-State Plastic Lithium-Ion Batteries for Low-Power Applications, Solid State Ionics, 144, 185-192, 2001.
63. Morimoto, H., et al., Mechanochemical Synthesis and Anode Properties of SnO-Based Amorphous Materials, J. Electrochem. Soc., 146, 3970-3973, 1999.

64. Zhang, J. J. and Xia, Y. Y., Co-Sn Alloys as Negative Electrode Materials for Rechargeable Lithium Batteries, J. Electrochem. Soc, 153, A1466-1471, 2006.

65. http://www.physorg.com/news3061.html, Feb. 2005.

66. Wakihara, M. and Yamamoto O., Lithium Ion Batteries Fundamentals and Performance, p.158, Wiley-WCH, Tokyo, 1998.

67. Tarasacon, J. M. and Guyomard, D., New Electrolyte Compositions Stable Over the 0 to 5V Voltage Range and Compatible with the $Li_{1+X}Mn_2O_4$/Carbon Li-Ion Cells, Solid State Ionics, 69, 293-305, 1994.

68. Amatucci, G. and Tarascon, J. M., Optimization of Insertion Compounds Such as $LiMn_2O_4$ for Li-Ion Batteries, J. Electrochem. Soc., 149, K31-46, 2002.

69. Sengupta, S., An Investigation of Manganase Based Electrode Materials for Use in Lithium Ion Batteries, Ph.D. Thesis, Univesty of Toronto, Ottowa, 2005.

70. Huang, M. R., Structural Modifications and Capacity Fading of $LiMn_2O_4$ Cathode During Charge-Discharge of Secondary Lithium Ion Batteries, Ph.D. Thesis, National Sun Yan-Sen University, Taiwan, 2003.

71. Thackeray, M. M., Manganese Oxides for Lithium Batteries, Prog. Solid St. Chem., 25, 1-71, 1997.

72. Sigala, C., et al., Positive Electrode Materials With High Operating Voltage for Lithium Batteries: $LiCr_yMn_{2-y}O_4$ ($0 \leq y \leq 1$), Solid State Ionics, 81, 167-170, 1995.

73. Panero, S., et al., Synthesis and Characterization of $LiCo_yNi_{(1-Y)}VO_4$ Lithium Insertion Materials, Solid State Ionics, 128, 43-52, 2000.

74. Gao Y., Dahn, J. R., Valence Band of $LiNi_xMn_{2-x}O_4$ and Its Effects on The Voltage Profiles of $LiNi_xMn_{2-x}O_4$/Li Electrochemical Cells, Phsy. Rev. B, 54,16670-16675,1996.

75. Pistoia, G., Zane, D., Zhang, Y., Some Aspects of $LiMn_2O_4$ Electrochemsitry in the 4 Volt Range, J. Electrochem. Soc., 142, 2551-2557, 1995.

76. Jang, D. H. and Oh S. M., Effects of Carbon Additives on Spinel Dissolution and Capacity Losses in 4 V Li/LixMn$_2$O$_4$ Rechargeable Cells Electrochim. Acta, 43, 1023-1029, 1998.

77. Aoshima, T., et al., Mechanisms of Manganese Spinels Dissolution and Capacity Fade at High Temperature, J. Power Sources, 97–98, 377-380, 2001.

78. Xia, Y., Zhou, Y., Yoshio, M., Capacity Fading on Cycling of 4 V Li/LiMn$_2$O$_4$ Cells, J. Electrochem. Soc., 144, 2593-2600, 1997.

79. Gummow, R. J., De Kock, A., Thackeray, M. M., Improved Capacity Retention in Rechargeable 4 V Lithium/Lithium-Manganese Oxide (Spinel) Cells, Solid State Ionics, 69, 59-67, 1994.

80. Thackeray M. M., et al., Structural Fatigue in Spinel Electrodes in High Voltage (4 V) Li/Li$_x$Mn$_2$O$_4$ Cells, Solid State Ionics, 1, 7-9, 1998.

81. Jang, D. H. and Oh. S. M., Electrolyte Effects on Spinel Dissolution and Cathodic Capacity Losses in 4 V Li/Li$_x$Mn$_2$O$_4$ Rechargeable Cells, J. Electrochem. Soc., 144, 3342-3348, 1997.

82. Chung, K. Y. and Kim, K. B., Investigations into Capacity Fading as a Result of a Jahn-Teller Distortion in 4V LiMn$_2$O$_4$ Thin Film Electrodes, Electrochem. Acta, 49, 3327-3337, 2004.

83. Ohzuku, T., Kitagava, M., Hirai, T., Electrochemistry of Manganase Dioxide in Lithium Nanoqueous Cell, J. Electrochem. Soc., 137, 769-775, 1990.

84. Cho, J. and Thackeray, M. M., Structural Changes of LiMn$_2$O$_4$ Spinel Electrodes During Electrochemical Cycling, J. Electrochem. Soc., 146, 3577-3581, 1999.

85. Levi, M. D., et al., Evidence for Slow Droplet Formation During Cubic-to-Tetragonal Phase Transition in Li$_x$Mn$_2$O$_4$ Spinel, J. Electrochem. Soc., 147, 25-33, 2000.

86. Li, X., Xu, Y., Wang, C., Supperssion of Jahn-Teller Distortion of Spinel LiMn$_2$O$_4$ Cathode, J. Alloys Compd. 479, 310-313, 2009.

87. Vetter, J., et al., Ageing Mechanism in Lithium-Ion Batteries, J. Power Sources, 147, 269-281, 2005.

88. Gao, Y. and Dahn, J. R., Correlation Between The Growth of The 3.3 V Discharge Plateau and Capacity Fading in $Li_{1+x}Mn_{2-x}O_4$ Materials, Solid State Ionics, 84, 33-40, 1996.

89. Schalkwijk, W. A. and Scrosati B., Advances in Lithium-Ion Batteries, Kluwer Academic Publishers, New York, 2002.

90. Shin, Y. and Manthiram, A., Microstrain and Capacity Fade in Spinel Manganese Oxides, Electrochem. Solid State Lett., 5, A55-58, 2002.

91. Shin, Y. and Manthiram, A., High Rate, Superior Capacity Retention $LiMn_{2-2y}Li_yNi_yO_4$ Spinel Cathodes for Lithium-Ion Batteries, Electrochem. Solid State Lett., 6, A34-36, 2003.

92. Shin, Y. and Manthiram, A., Factors Influencing the Capacity Fade of Spinel Lithium Manganese Oxides, J. Electrochem. Soc., 151, A204-208, 2004.

93. Huang, H., Vincent, C. A., Bruce, P. G., Correlating Capacity Loss of Stoichiometric and Nonstoichiometric Lithium Manganese Oxide Spinel Electrodes with Their Structural Integrity, J. Electrochem. Soc, 146, 3649-3654, 1999.

94. Aurbach, D., et al., Capacity Fading of $Li_xMn_2O_4$ Spinel Electrodes Studied by XRD and Electroanalytical Techniques, J. Power Sources, 81, 472-479, 1999.

95. MacNeil, D. D. and Dahn, J. R., The Reaction of Charged Cathodes with Nonaqueous Solvents and Electrolytes: II. $LiMn_2O_4$ Charged to 4.2 V, J. Electrochem. Soc, 148, A1211-1215, 2001.

96. Chan, H. W., Duh, J. G., Shen, S. R., Electrochemical Performance of LBO-Coated Spinel Lithium Manganese Oxide as Cathode Material for Li-Ion Battery, Surface and Coating, Technology, 188-189, 116-119, 2004.

97. Lee, S. W., et al., Electrochemical Characteristics of Al_2O_3-Coated Lithium Manganese Spinel as a Cathode Material for a Lithium Secondary Battery, J. Power Sources, 126, 150-155, 2004.

98. Son, J. T., et al., Surface-Modification of $LiMn_2O_4$ with a Silver-Metal Coating J. Power Sources, 126, 182-185, 2004.

99. Liu, D., He, Z., Liu, X., Increased Cycling Stabilitiy of $AlPO_4$ Coated $LiMn_2O_4$ for Lithium Ion Batteries, Mater. Lett., 61, 4703-4706, 2007.

100. Sun, Y. K., et al., Electrochemical Performance of Nano-Sized ZnO-Coated $LiNi_{0.5}Mn_{1.5}O_4$ Spinel as 5 V Materials at Elevated Temperatures, Electrochem. Commun., 4, 344-348, 2002.

101. Park, Y. J., et al., Electrochemical Properties of $LiMn_2O_4$ Thin Films: Suggestion of Factors for Excellent Rechargeability, J. Power Sources, 87, 69-77, 2000.

102. Wang, G. X., et al., Improvment of Electrochemical Properties of the Spinel $LiMn_2O_4$ Using a Cr Dopand Effect., Solid State Ionics, 120, 95-101, 1999.

103. Chang, C. C., Kim, J. Y., Kumta, P. Y., Divalent Cation Incorporate $Li_{(1+x)}MMg_xO_{2(1+x)}$ ($M=Ni_{0,75}Co_{0,25}$): Viable Cathode Materials for Rechargeable Lithium Ion Batteries, J. Power Sources, 89, 56-63, 2000.

104. Sun, Y. K., Oh, B., Lee, H. J., Synthesis and Electrochemical Characterization of Oxysulfide Spinel $LiAl_{0,15}Mn_{1,85}O_{3,97}S_{0,03}$ Cathode Materials for Rechargeable Batteries, Electrochim. Acta, 46, 541-546, 2000.

105. Fey G. T. K., et al., $LiNi_{0,8}Co_{0,2}O_2$ Cathode Materials Synthesized by the Maleik Acid Assisted Sol-Gel Method for Lithium Batteries, J. Power Sources, 103, 265-272, 2002.

106. Liu, W., et al., Synthesis and Electrochemical Studies of Spinel Phase $LiMn_2O_4$ Cathode Materials Prepared by Pechini Process, J. Electrochem. Soc., 143, 879-884, 1996.

107. Yang, W., A Citric Acid Method to Prepare $LiMn_2O_4$ for Lithium Ion Batteries, Solid State Ionics, 121, 79-84, 1999.

108. Chan, H. W., Duh J. G., Sheen, S. R., $LiMn_2O_4$ Cathode Doped With Excess Lithium and Synthesized By Co-Precipitation for Li-ion Batteries, , J. Power Sources, 115,110-118, 2003.

109. Hwang, B. J., Santhanam, R., Liu, D. G., Effect of Synthetic Parameters on Purity of $LiMn_2O_4$ Spinel Synthesized by Sol-gel Method at Low Temperature, J. Power Sources, 101, 86-89, 2001.

110 Wang, X., et al., Citric Acid-Assisted Sol-Gel Synthesis of Nanocrystalline $LiMn_2O_4$ Spinel as Cathode Material, J. Cryst. Growth, 256, 123-127, 2003.

111. Hon, Y. M., Synthesis and Characterization of-Nano $LiMn_2O_4$ Powder by Tartaric Acid Gel Process, J. Eur. Ceram. Soc, 22, 653-660, 2002.

112. Matsuda, K. and Taniguchi, H., Relationship Between the Electrochemical and Particle Properties of $LiMn_2O_4$ Prepared by Ultrasonic Spray Pyrolysis, J. Power Sources, 132, 156-160, 2004.

113. Myung, S. T., et al., Nano-Cryctalline $LiNi_{0,5}Mn_{1,5}O_4$ Synthesized By Emusion Drying Method, Electrochim. Acta, 47, 2543-2549, 2002.

114. Zhang, Y., et al., Nanostructured $LiMn_2O_4$ Prepared By a Glycine-Nitrate Process For Lithium Ion Batteries, Solid State Ionics, 171, 25-31, 2004.

115. Chick , L. A., Glycine-Nitrate Combustion Synthesis of Oxide Ceramic Powders, Mater. Lett., 10, 6-12, 1990.

116. Amatucci, G. G., et al., Surface Treatments of $Li_{1+x}Mn_{2-x}O_4$ Spinels for Improved Elevated Temperature Performance, Solid State Ionics, 104, 13-25, 1997.

117. Chan, H. W., Duh J. G., Sheen, S. R., Microstructure and Electrochemical Properties of LBO-Coated Li-Excess $Li_{1+x}Mn_2O_4$ Cathode Material at Elevated Temperature for Li-Ion Battery, Electrochim. Acta, 51, 3645-3651, 2006.

118. Muralidharan, P., Venkateswarlu, M., Satyanarayana, N., Sol-Gel Synthesis, Structural and Ion Transport Studies of Lithium Borosilicate Glasses, Solid State Ionics, 166, 27-38, 2004.

119. Shin, Y., Capacity Fading Mechanisms and Origin of The Capacity Above 4.5V of Spinel Lithium Manganese Oxides, Ph.D. Thesis, University of Texas, Austin, 2003.

120. Armarego, W. L. F. and Perin, D. D., Purification of Laboratory Chemicals, Fourth Ed., Butterworth Heinemann, Oxford, 2002.

121. Zhang, Y., et al., Nanostructured $LiMn_2O_4$ Prepared by a Glycine-Nitrate Process for Lithium-Ion Batteries, Solid State Ionics, 171, 25-31, 2004.

122. Guohua, L., Ikuda, H., Uchida, T., The Spinel Phases $LiM_yMn_{2-y}O_4$ (M = Co, Cr, Ni) as the Cathode for Rechargeable Lithium Batteries, J. Electrochem. Soc., 143, 178-182, 1996

123. Jeong, I. S., Kim, J. U., Gu, H. B., Electrochemical Properties of $LiMg_yMn_{2-y}O_4$ Spinel Phases for Rechargeable Lithium Batteries, J. Power Sources, 102, 55-59, 2001.

124. Shen, C. H., et al., Effect of Co Doping in $LiMn_2O_4$, J. Power Sources, 102, 21-28, 2001.

125. Myung, S. T., et al., Enhanced Structural Stability and Cyclability of Al-Doped $LiMn_2O_4$ Spinel Synthesized by the Emulsion Drying Method, J. Electrochem. Soc, 148, A482-489, 2001.

126. Şahan, H., Göktepe, H., Patat, Ş., Synthesis and Cycling Performance of Double Metal Doped $LiMn_2O_4$ Cathode Materials for Rechargeable Lithium Ion Batteries, Inorg. Mater+, 44, 420-425, 2008.

127. Göktepe, H., et al., Enhanced Cyclability of Triple-Metal-Doped $LiMn_2O_4$ Spinel as The Cathode Material for Rechargeable Lithium Batteries, Ionics, 15, 233-239, 2009.

128. Outokumpu HSC chemistry ® for Windows Version 4.0,"Chemical Reaction and Equilibrium Software with Extensive Thermochemical Database", Outokumpo Research OyInformation Service, 1999, Finland.

129. Xia, Y. and Yoshio M., An Investigation of Lithium Ion Insertion into Spinel Structure Li-Mn-O Compounds, J. Electrochem. Soc. 143, 825-833, 1996.

130. Aurbach, D., Review of Selected Electrode–Solution Interactions Which Determine the Performance of Li and Li Ion Batteries, J. Power Sources, 89, 206, 2000.

131. El-Sheikh, S. M., Mohamed, R. M., Fouad, O. A., Synthesis and Structure Screening of Nanostructured Chromium Oxide Powders, J. Alloys Compd., 482, 302-307, 2009.

132. Cho, J., et al., Complete Blocking of Mn^{3+} Ion Dıssolution from a $LiMn_2O_4$ Spinel Intercalation Compound by Co_3O_4 Coating, Chem. Commun., 1074-1075, 2001.

133. Yang, Z., et al., The Effect of a Co-Al Mixed Metal Oxide Coating on the Elevated Temprature Performance of a $LiMn_2O_4$ Cathode Material, J. Power Sources, 189, 1147-1153, 2009.

134. Chung, F.H., Quantitative Interpretation of X-ray Diffraction Patterns of Mixtures. I. Matrix-Flushing Method for Quantitative Multicomponent Analysis, J. Appl. Cryst., 7, 519-525, 1974.

135. Zheng, Z., et al., Surface Modification of $Li_{1.03}Mn_{1.97}O_4$ Spinels for Improved Capacity Retention, Solid State Ionics, 148, 317-321, 2002.

136. Tu, J., et al., Improved Performance of $LiMn_2O_4$ Cathode Materials for Lithium Ion Batteries by Gold Coating, Mat. Lett., 60, 3251-3254, 2006.

EK

BAZI PİL TANIMLARI

1. Teorik Pil Potansiyeli, Kapasitesi ve Enerjisi

Bir pilin teorik potansiyel ve kapasitesi anot ve katot aktif maddelere bağlı olarak değişir.

1.1. Serbest Enerji

Bir reaksiyon meydana geldiğinde sistemin serbest enerjisinde bir azalma olur. Bu durum aşağıdaki gibi formülize edilebilir.

$$\Delta G^o = -nFE^o$$

Burada, F = Faraday sabiti olarak bilinir (96500 C veya 26.8 Ah)

n = Stokiyometrik reaksiyonda alınan – verilen elektron sayısıdır

E^o = Standart potansiyel olup birimi volt'dur.

1.2. Teorik Voltaj

Bir pilin standart potansiyeli pilde bulunan aktif maddelerin tipine bağlı olarak değişir. Standart potansiyel serbest enerji veya deneysel olarak hesaplanabilir. Bir pilin standart potansiyeli standart hidrojen elektrotuna göre düzelenmiş olan standart elektrot potansiyelleri kullanılarak aşağıdaki gibi bulunur.

Anot (yükseltgenme potansiyeli) + Katot (indirgenme potansiyeli) = Standart pil potansiyeli

Örneğin; $Zn + Cl_2 \longrightarrow ZnCl_2$ reaksiyonunda standart potansiyel

$Zn \longrightarrow Zn^{2+} + 2e^-$ -(- 0.76 V)

$Cl_2 \longrightarrow 2Cl^- + 2e^-$ (1.36 V) $E^o_{pil} = 2.12$ V olarak bulunur.

Pil potansiyeli Nernst eşitliğinde belirtilen konsantrasyon ve sıcaklık gibi faktörlere de bağlıdır.

1.3. Teorik Kapasite

Bir pilin teorik kapasitesi pilde bulunan aktif maddelerin miktarına bağlı olarak bulunur. Elektrokimyasal reaksiyon için gerekli olan yük miktarı kulon veya ampersaat terimi ile ifade edilir. Bir pilin ampersaat kapasitesi direkt olarak aktif maddelerden sağlanan akım miktarına bağlı olarak değişir. 1833 ve 1834 yıllarında Faraday bir çözeltiden geçen yük miktarı ile elektrotlarda ayrışan metal veya diğer madde miktarları arasındaki ilişkiyi iki kanunla açıkladı. Bunlar:

a) Belli miktardaki akım uygulanarak elektrotlarda toplanan madde miktarı elektrolit içinden geçen yük miktarı ile doğru orantılıdır.

b) Bir faradaylık (96500 C) akım miktarları her maddenin bir eşdeğer gramının ayrışmasına olanak sağlar.

Bu kurallar aşağıdaki şekilde matematiksel olarak ifade edilebilir:

$$Q = \int_0^t i.dt = F.egs$$

Burada Q yük miktarı, i amper cinsinden akım, t saniye cinsinden zaman, F kulon/mol cinsinden Faraday sabiti olup değeri 96500 C' dir.

Akım sabitse yukarıdaki eşitlik şu şekilde yazılabilir:

$$Q = i * t = F * \text{eşdeğer miktar (egs)}$$

$$egs = \frac{i.t}{F}$$

Teorik olarak bir maddenin 1 eşdeğer gramı 96500 C veya 26.8 Ah'lik yük sağlar. Bir maddenin eşdeğer gramı ise aktif maddenin atomik veya moleküler ağırlığının reaksiyonda alınan verilen elektron sayısına bölünmesi ile elde edilir. Bir elektrokimyasal pilin teorik kapasitesi yalnızca elektrokimyasal reaksiyona katılan aktif maddelere bağlı olarak reaktantların eşdeğer ağırlığından hesaplanır. Buna bağlı olarak Zn/Cl_2 pilinin teorik kapasitesi 0.394 Ah g^{-1}'dır. Yani,

$$Zn + Cl_2 \longrightarrow ZnCl_2$$

(0.82 Ah g^{-1}) (0.76 Ah g^{-1})

1.22 g Ah^{-1} + 1.32 g Ah^{-1} = 2.54 g Ah^{-1} veya 0.394 Ah g^{-1}'dır.

Lityum iyon pillerde eşdeğer miktar katodik ve anodik süreç esnasında (şarj-deşarj) spinel yapıdan ekstrakte olan veya spinel yapıya katkılanan Li iyonlarının mol sayısıdır. $LiMn_2O_4$'in teorik kapasitesi 148 mAh g^{-1}'dir ve aşağıdaki hesaplama ile bulunabilir.

Lityum atomunun ağırlığı = 6.94 g/ mol

Mangan atomunun ağırlığı = 54.94 g/ mol

Oksijen atomunun ağırlığı = 16 g/ mol

$LiMn_2O_4$'in moleküler ağırlığı = 180.82 g/ mol

Lityum eşdeğer ağırlığı = Lityum atomik ağırlığı / alınan-verilen elektron sayısı = 6.94/1 = 6.94

1 eşdeğer gram Li'un kimyasal reaksiyona katıldığı düşünürsek, 1 gram-mol veya 180.82 g/mol $LiMn_2O_4$'in teorik kapasitesi 26.8 Ah veya 26800 mAh olur. Bu yüzden $LiMn_2O_4$'in teorik kapasitesi 26800 / 180.82 veya 148.121 mAh g^{-1} olur.

Spesifik kapasite akım miliamper olarak, katotta bulunan aktif maddenin ağırlığı gram olarak ve sürede saat olarak alınırsa ;

Kapasite = i x t /m formülü ile mAh g^{-1} olarak bulunur.

1.4. Teorik Enerji

Bir pilin potansiyel ve elektriksel yük miktarları dikkate alınarak pilin teorik enerjisi (watt.saat) cinsinden de bulunabilir. Bu teorik enerji değeri belli bir elektrokimyasal sistem tarafından sağlanan maksimum değerdir.

Wattsaat (Wh) = Potansiyel (V) * Ampersaat(Ah)

Zn/Cl_2 pili örnek olarak ele alınırsa pilin standart potansiyeli 2.12 V olarak alındığında aktif maddenin gramı başına teorik wattsaat kapasite (teorik gravimetrik spesifik enerji veya teorik gravimetrik enerji yoğunluğu) aşağıdaki gibi bulunur.

Spesifik enerji (wattsaat * $gram^{-1}$) = 2.12 * 0.394 Ah g^{-1} = 0.835 Wh g^{-1} veya 835 Wh kg^{-1} olur.

1.5. Şarj-Deşarj Oranı-(C oranı)

Şarj-deşarj oranı C/n olarak formüle edilebilir. Bu formülde C, Ah kapasite oranı ve n ise saat olarak belirlenmiş deşarj süresidir. C oranını belirlemek için ilk olarak katottaki aktif madde miktarından toplam kapasite hesaplanmalıdır. Toplam kapasiteye ulaşmak için bir pil 1 saat deşarj edilmek istenirse C oranı 1 C olarak , ½ saat deşarj edilmek istenirse de C oranı 2 C olarak belirlenmiş olur.

Printed by Books on Demand GmbH, Norderstedt / Germany